Gabriele Metz

Alles über Ponys

Rassen

Haltung und Pflege

Reiten und Fahren

KOSMOS

Inhalt

Kleiner Körper – großes Ego

Was Ponys Spaß macht

Ponyrassen der Welt

Haltung und Gesundheit

Ausrüstung für Ponys

Ponys reiten

Pony-Senioren

Service

Ponyfieber

Als Kind stand ich oft an Ponyweiden, verliebte mich in dunkle Knopfaugen, wuschelige Mähnen und kleine Ponyohren, aus denen lange Haarbüschel lugten. Das war der Anfang einer Leidenschaft, die – angefacht vom Lesen zahlloser Ponybücher – im Alter von fünf Jahren schließlich vor den Toren einer Ponyreitschule endete. Auf Großpferden Reiten lernen? Undenkbar.

Es folgten sieben abenteuerliche Jahre auf den Rücken von Shettys, Isis, Hafis und Welsh Ponys. Dressur, Springen, Ausritte, Reiterspiele, Reiterpass machen, Jagden – alles war möglich mit den vielseitigen Kleinen. Die Sache hatte allerdings einen Haken. Schulponys sind etwas ganz anderes als ein eigenes Pony. Und somit stand anlässlich meines zwölften Geburtstages fest: Schluss mit dem ständigen Pferdewechsel, Eifersuchtsdramen ums Pflegepony und der täglichen Schlacht ums Lieblingspony. Ab sofort wurden alle Energien in Überredungskünste, überzeugende schulische Leistungen und ein picobello aufgeräumtes Jugendzimmer gesteckt. Mit Erfolg: Mit 13 wurde ich stolze Besitzerin der Welsh C-Stute Polly, einem Pony, das meine reiterlichen Fähigkeiten auf eine harte Probe stellte. „Durchhalten oder das Reiten an den Nagel hängen", lautete die Devise. Natürlich hielt ich durch, wie es sich für einen echten Ponyreiter gehört.

Del Nueve Mescalita schätzt gebisslose Zäumungen. Das klassische Bosal aus Rawhide ist unser Lieblingsstück und gut fürs Gelände, aber durchaus auch für gymnastizierende Lektionen auf dem Reitplatz geeignet.

Mit 18 stiegen fast alle Freundinnen auf Großpferde um. „Du bist ja auch schon viel zu groß für Polly", musste ich mir anhören. Die Größe interessierte mich weniger, eher das Gewicht. Der kritische Blick auf die Waage ergab 55 Kilogramm. „Mehr darf ich nie wiegen", beschloss ich und schwor, meinem 1,38 Meter großen Welsh-Stütchen auch als Erwachsener die Treue zu halten. Gut, bis heute kamen noch zwei oder drei Kilos hinzu, aber Polly hat das nie gestört. Sie ist inzwischen 32 Jahre alt, jeden Tag noch mit im Gelände unterwegs und erfreut sich bester Gesundheit.

Natürlich sind inzwischen weitere Ponys hinzugekommen: die 1,47 Meter große Pinto-Stute Mescalita und das „Monster-Pony", ein 1,54 Meter großer Welsh Cob-Wallach. Zugegeben, eigentlich fällt er mit dieser Größe aus dem offiziellen Ponymaß, doch Three B Carrera vereint einfach alles, was ein Pony haben muss. Er sieht aus wie ein Pony und benimmt sich auch so – nur als Mega-Pony eben.

Ein eingeschworenes Team: Die Autorin Gabriele Metz mit ihrer Welsh-Stute Polly.

Das Mega-Pony: Welsh Cob-Wallach Carrera. Ein solches Pony hat mit einem erwachsenen Reiter überhaupt kein Problem.

So wie mir erging es vielen Pony-Fans, die heute mitten im Leben stehen und noch immer Ponys satteln. Als Kind auf den Geschmack gekommen, als Jugendlicher Ponybesitzer geworden und als Erwachsener noch immer der Pony-Leidenschaft verfallen. Waren erwachsene Ponyreiter noch vor 20 Jahren Ausnahmen, ziehen sie heute längst keine spöttischen Blicke mehr auf sich. Seit dem Freizeitreiter-Boom der 80er- und 90er-Jahre haben viele Ponys Einzug in die Ställe gehalten. Die Islandpferdeszene gilt sogar als größte Freizeitreitergruppe überhaupt. Haflinger, Fjordpferde und englische Ponys sind fürwahr keine Seltenheit und selbst exotische Ponyrassen wie spanische Pottoks oder tunesische Mogod Ponys sind nicht unbekannt.

Ponys werden gefahren, gehen im Westernreitsport, glänzen unter dem Dressur- und Springsattel, sind auf Distanzen und Wanderritten vertreten, verstehen sich auf Working Equitation, Mounted Games und mehr. Aber vor allem sind sie unvergleichlich charmante und robuste Freizeitpartner.

Nun gut, auf dem internationalen Turnierparkett, wo es um olympischen Ruhm geht, stehen Ponyreiter hinter Großpferde-Reitern zurück. Dafür hat sich aber längst eine eigene, sehr rege Pony-Turnierszene entwickelt. Die meisten Zuchtverbände bieten eine Vielzahl von Veranstaltungen an, bei denen alle Disziplinen vertreten sind. Die klassische Skala der Ausbildung ist für viele Ponyreiter längst eine Selbstverständlichkeit.

Die meisten Ponyreiter lieben einen individuellen Lifestyle und haben ein ausgeprägtes Selbstbewusstsein. Sie lieben die Natur und lassen sich nur allzu gerne bei Wind und Wetter Frischluft um die Nase blasen. So gesehen unterscheiden sie sich nicht allzu sehr von ihren Ponys. Denn auch die sind naturverbundene Individualisten mit einem ausgeprägten Abenteurergeist.

Kleiner Körper – großes Ego

Auf dem Ponyrücken durch die Geschichte

Ohne Ponys wäre so manches ganz anders gelaufen. Die Kelten hätten sich ihren Gegnern zu Fuß gestellt. Die Wikinger wären vielleicht einfach auf ihren Schiffen geblieben. Der Kohleabbau wäre im Schneckentempo verlaufen. Dschingis Khan hätte Asien und China verschont. Aber da die Ponys mitmischten, ging es voran. Ponys machten Geschichte, gaben Anlass zu Geschichten und wurden zu dem, was sie heute sind.

Treue Gefährten

Eisiger Wind fegt über die Steilküste. Taranis bläht die Nüstern. Der kleine Hengst steht wie eine Statue oben auf einem Felsvorsprung. Auf seinem Rücken sitzt ein Reiter, der in die Ferne blickt. Sind da hinten am Horizont schaukelnde Boote auszumachen? Nein, er hat sich geirrt und klopft mit den Schenkeln gegen den Bauch seines Ponys. Taranis wirbelt herum und prescht mit seinem Reiter davon. Die kleinen, harten Hufe hinterlassen bei jedem trommelnden Galoppsprung Spuren, die längst Geschichte sind. Taranis ist ein Kelten-Pony und lebt im 4. Jahrhundert vor Christus. Er trägt den Namen einer keltischen Gottheit. Ponys sind für die Kelten ein Statussymbol und wackere Mitstreiter auf gefährlichen Kriegszügen.

Taranis lebte über 20 Jahre lang in England und hinterließ viele Fohlen, die Einfluss auf spätere Ponyrassen nahmen. Doch noch bevor Welsh Ponys, Exmoor Ponys, Dartmoor Ponys und all die anderen ursprünglichen Rassen entstanden, drängten mit den Wikingern neue Ponys ins Land. Sie kamen aus Norwegen und Dänemark und waren Vorfahren des Islandpferdes. Dort, wo 850 Jahre zuvor Taranis Wind und Wetter trotzte, wirbelten nun Bjorgulfs Hufe über den erdigen Waldboden, ein Pony, so unerschrocken und stolz wie einst die Kelten-Ponys.

Während Taranis und Bjorgulf im kriegsgebeutelten Europa lebten, suchten Kublais Vorfahren viele tausend Kilometer weiter östlich nach kargen Grashalmen. In der zentralasiatischen Steppe dienten sie den Nomaden als Reit- und Packtiere, lieferten Milch und Fleisch.

Auch heute noch begeistern sich Reiter für die Keltenzeit.

Doch Kublai trägt keinen Schafhirten auf seinem Rücken, sondern einen Krieger, einen treuen Begleiter Dschingis Khans, der im 13. Jahrhundert weite Teile Zentralasiens und Nordchinas eroberte – im Sattel eines Ponys.

Kublais Reiter ist ein geübter Bogenschütze, der den Pfeil zielsicher aus dem Galopp, genau in der Schwebephase seines Ponys abschießt.

Pony Express

Mit Pfeilen hat auch der junge Mann im Sattel des gescheckten Ponys Ragged Jim zu tun. Allerdings zielt er damit nicht auf Feinde, sondern er muss ihnen vielmehr ausweichen. Doch damit hat Ragged Jim kein Problem. Immerhin wuchs der ausdauernde Pinto in der Wüste auf, wo er lernte, unter harten Bedingungen zu überleben.

Nun ist er im Auftrag des amerikanischen Pony Express unterwegs. Im mittleren Teilstück der fast 3.200 Kilometer langen Strecke zwischen St. Joseph (Missouri) und Sacramento (Kalifornien) ist es besonders gefährlich, denn hier drohen Indianerüberfälle. Die Mochila, eine mit Post gefüllte Satteltasche, fliegt nur so auf und ab, als Ragged Jim dahingaloppiert. Er ist eines von 500 Ponys und Pferden, die 1860 und 1861 die Postverbindung zwischen der amerikanischen Ost- und Westküste sicherten.

Gut, dass Ragged Jim ausdauernd und kräftig ist. Immerhin trägt er mit Reiter und Postpaket 72 Kilogramm. Und zum Glück muss er nur noch die 15 Kilometer bis zur nächsten Station schaffen. Dort steigt sein Reiter nach einer kurzen Pause auf ein ausgeruhtes Pony um. Sonst wäre die angestrebte Reisezeit auch nicht zu schaffen, andere Ponys haben schließlich schon wahre Rekordzeiten vorgelegt: 400 Kilometer in 24 Stunden zum Beispiel. Oder die gesamte Strecke Richtung Westen in neun Tagen und 23 Stunden. Angesichts solcher Leistungen sammelt Ragged Jim nun in der Poststation neue Kraft.

Vielleicht ist Ragged Jims nächster Reiter berühmt – Buffalo Bill womöglich, der sich an die gefährlichsten Strecken des Pony Express wagte.

Grubenponys

Carbon Hoof erschreckt sich vor dem unheimlichen Seilaufzug. Da soll er angekettet und wie ein Paket zusammengeschnürt 700 Meter weit nach unten abgelassen werden? Das englische Grubenpony zuckt zusammen, als man ihm Stricke um die Beine legt. Schon hängt das Shetland Pony in der Luft und ab geht es in die Dunkelheit. Unten angekommen umfassen vom Kohlestaub geschwärzte Hände seine Beine, binden sie los und führen Carbon Hoof in einen spärlich beleuchteten Stall. Die nächsten 15 Jahre wird das Shetland Pony in niedrigen Stollen leben und schwere Förderwagen ziehen.

Bis 1914 steigt die Anzahl der englischen Grubenponys auf 70.000 Tiere. In Deutschland schuften rund 8.000 Grubenpferde und -ponys. Ende der 60er-Jahre gelangen die letzten nach oben. Gerade rechtzeitig, um den Boom der Freizeitreiterszene zu erleben. Die entdeckt Charme und Vielseitigkeit der Ponyrassen für sich. Ponys avancieren zu geschätzten Freizeit- und Sportpartnern und sind heute ein Stück Lebensqualität.

Das Grab von Buffalo Bill erinnert an den legendären Pony Express.

So sind Ponys

Sie sind selbstbewusst, keck und niedlich. Ponyfans geraten ins Schwärmen, wenn es um die kleinen Herzensbrecher geht. Ein Pony mag klein sein, aber dafür ist es robust, langlebig, vielseitig, intelligent, freundlich und gesellig – und kräftig. Keine Pferderasse entwickelt im Verhältnis zu ihrer Körpergröße eine solch unglaubliche Kraft. Ponys wissen natürlich, dass sie unersetzlich sind. Und deshalb lassen sie sich auch eines nicht nehmen: ihren ureigenen Kopf.

Klein und stark

Little Pumpkin dürfte eines der kleinsten Ponys gewesen sein. Der Falabella-Hengst hatte eine Widerristhöhe von 35,5 Zentimetern und brachte gerade einmal zehn Kilogramm auf die Waage. Zurzeit hält Thumbelina mit 44 Zentimetern Stockmaß den Zwergenrekord, ebenfalls eine Vertreterin der kleinsten Ponyrasse der Welt. Somit ist das Pony-Größenmaß nach unten hin abgesteckt, jetzt folgt der Blick nach oben. Und der endet laut offiziellem Reglement bei 1.47,3 Meter Stockmaß.

Während international Pferde unter 1,48 Meter als Ponys gelten, kennen deutsche Pferdefreunde eine Zwischengröße: das Kleinpferd. Damit sind alle Ponys gemeint, die zwischen 1,30 Meter und dem offiziellen Pony-Höchstmaß liegen.

Die Gewichtsklassen der Ponys sind ähnlich variabel. Auch hier dürfte der „Little Pumpkin" mit zehn Kilogramm die Untergrenze bilden. Während ein Islandpferd durchschnittlich 350 Kilogramm wiegt, beeindrucken größere Highland Pony-Hengste mit bis zu 600 Kilogramm Lebendgewicht.

Ponys erkennt man aber nicht nur an ihrer Größe, sondern auch an vielen anderen Merkmalen. Angefangen mit dem unverwechselbaren Ponykopf, aus dem (meistens) große, dunkle Augen blicken. Stolz, Kühn-

Aufmerksam aufgerichtete Mini-Ohren, eine üppige Mähne und eine runde Kruppe – das sind typische Ponymerkmale.

heit und Selbstbewusstsein strahlt ihr Blick aus, Intelligenz und Freundlichkeit. Keck wirken die kurzen Ohren, aus denen im Winter dichte Haarbüschel wachsen. Die breite Stirn hingegen sieht eher niedlich aus und trägt zum ponytypischen Kindchenschema bei. Das gilt auch für die kurze Maulspalte, das breite Maul zieren lange Tasthaare. Auffallend ist die massive untere Kopfpartie, die einem kräftigen Kiefer Raum bietet. Ober- und Unterkiefer treffen übrigens in einem extrem spitzen Winkel aufeinander, der es ermöglicht, Gräser wie mit einer Kneifzange abzuzwacken. Das erspart den Ponys kräftige Kopfbewegungen, die man bei grasenden Großpferden sieht: Sie müssen die Grashalme abreißen.

Der Ponykopf wird von einem relativ hoch angesetzten, kurzen Hals getragen, der in einen wenig markierten Widerrist übergeht. Der Rücken ist kurz, der Rumpf tonnenförmig und die Kruppe rund und breit. Kompakt wirken auch die kurzen, stämmigen Beine mit den tief liegenden, breiten Vorderfußwurzel- und Sprunggelenken. Auch die kurzen Röhrbeine sind ponytypisch. Dabei sind sie nicht schmaler als bei Großpferden, sondern weisen sogar einen besonders großen Hohlraum für Knochenmark auf. Das kurbelt die Produktion roter Blutkörperchen an, die wiederum für den Sauerstofftransport zuständig sind und für eine erhöhte Leistungs fähigkeit sorgen.

Namensfindung

Dass ein Pony ein kleines Pferd ist, wussten schon die Römer. Genau bei ihnen muss man ansetzen, wenn es um den Ursprung des Wortes Pony geht. Es ist nämlich keine Erfindung der Indianer, sondern geht auf das lateinische Wort pullus (= frisch geschlüpfter Vogel) zurück. Davon leitete sich *pullanus* (= neu geborenes Pferd) ab, woraus die Franzosen im 15. Jahrhundert *poulenet* (= Fohlen) machten. Nachlässig ausgesprochen klingt das wie *powny*, ein Wort mit dem die Schotten im 17. Jahrhundert kleine Pferde bezeichneten. Von da aus war es nur noch ein winziger Schritt zum heutigen *Pony*.

Bei 1.47,3 Meter ist Schluss. Hier endet das offizielle Ponymaß.

Urwüchsige Vorfahren

Vor einer Million Jahren legten die Vorfahren moderner Ponys bis zu 4.000 Kilometer pro Jahr zurück. Das Urpony Typ I war bereits in der Eiszeit unterwegs und weit stärker verbreitet als die Urformen größerer Pferde.

Es passte sich an die verschiedensten Umweltbedingungen an. Dabei entstanden körperliche und charakterliche Eigenschaften, die sich auch heute noch bei ursprünglichen Rassen wie beispielsweise dem Exmoor-, dem Dartmoor-, dem New Forest- oder dem Shetland Pony finden. Dass viele ursprüngliche Ponyrassen – die Native Ponys – in England leben, ist kein Zufall. Das feuchte Hügelland im heutigen Südengland bot dem Urpony einen idealen Lebensraum.

Zu den typischen Ponyeigenschaften gehört auch die enorme Ausdauer, mit der Ponys lange Strecken im „Zuckeltrab" zurücklegen können. Im Galopp geht ihnen deutlich schneller die Puste aus. Ihr Körperbau ist auf eine kräftesparende, funktionale Fortbewegungsweise mit wenig raumgreifenden Gängen ausgerichtet.

Auch die Robustheit vieler Ponyrassen ist ein Erbe der jahrtausendelangen Anpassung. Schnee, Wind und Regen können dem doppelschichtigen Ponyfell nichts anhaben. Wuschelmähne und üppiger Schweif schützen zusätzlich. Das dichte Winterfell mit langem Deckhaar und kuscheliger Unterwolle weicht im Sommer einem kurzen Haarkleid. So sind Ponys bestens gegen ungemütliches Wetter gerüstet.

Ponys für Groß und Klein

Das spöttische Grinsen eines überzeugten Großpferdereiters stört einen echten Ponyfan schon lange nicht mehr. Soll er doch aus 1,70 Meter Höhe auf das tiefer gelegte Duo neben sich herabblicken. Vielleicht weiß er ja überhaupt nicht, was ihm entgeht. Denn Ponys haben Qualitäten, die viele Reiter ein Leben lang an sie binden. Sie sind robust, zu allen Schandtaten bereit, und der Anspruch bleibt keinesfalls auf der Strecke.

Größenwahn?

Ponys sind nur etwas für Kinder? Teils, teils. Sie sind tatsächlich für Kinder ideal, aber eben nicht nur. Auch Jugendliche und Erwachsene haben ihre Freude an ihnen. Wobei man nicht einmal ein Fliegengewicht sein muss: Welsh Cob, Connemara, Haflinger, Norweger oder Highland Pony tragen auch schwere Erwachsene. Kleinere Rassen wie Welsh A oder Shetland Ponys sind aber tatsächlich zu klein für viele Erwachsene.

Heute ist es nicht mehr ungewöhnlich, wenn Erwachsene ihre Freizeit mit Ponys gestalten. Doch das war nicht immer so. Bis in die 70er-Jahre des 20. Jahrhunderts hinein galten Ponys fast überall als Kindersache. Erwachsene stiegen auf Warmblüter. Diese Einstellung spiegelte sich auch in Kinofilmen wieder, zum Beispiel in dem Kassenschlager „Die Mädels vom Immenhof". Da galoppiert eine fröhliche Kinderschar auf Islandpferden und Shettys über die Leinwand. Dick und Dalli, die Enkelkinder der Ponyhof-Betreiberin Oma Jantzen, führen den Trupp an.

Auch der 80. Geburtstag schützt nicht vor Pony-Leidenschaft. Die kleinen Pferde faszinieren Menschen aller Altersgruppen – vom Kleinkind bis zum Senior.

Und was ist im Großpferde-Betrieb des Jochen von Roth los? Dort frönen ausschließlich Erwachsene dem Reitsport – auf edlen Warmblütern, versteht sich. Die Vorlage für den 1955 entstandenen Film kam aus der Feder einer Ponynärrin, die rund 20 Jahre später engagiert die Ära der Freizeitreiter einläutete. Ursula Bruns, Jahrgang 1922, stieg selbst am liebsten in den Ponysattel, war Mitbegründerin des Deutschen Pony-Klubs und der Zeitschrift „Pony Post", die später zu „Freizeit im Sattel" wurde. In ihrem FS-Reitzentrum in Reken, das heute unter der Leitung Jochen Schumachers steht, lernten viele Erwachsene das Reiten – oft auf Ponys. Für ihre Verdienste verlieh der Islandpferde-Reiter- und Züchterverband (IPZV) Ursula Bruns im Jahr 2005 die Goldene Nadel mit Brillanten.

Freizeit- und Turniersport

Die Islandpferdeszene ist ein gutes Beispiel für einen von Erwachsenen dominierten Ponysport. Natürlich reiten auch Kinder und Jugendliche auf den robusten Gangpferden, es gibt jedoch auffallend viele erwachsene Reiter – gerade im Turniersport. Wobei Islandpferde weniger auf Dressur- und Springturnieren zu Hause sind als auf Oval- und Passbahnen, wo sie taktreinen Tölt und rasanten Rennpass zeigen.

Wenn es um Dressur- und Springponys geht, zum Beispiel das Deutsche Reitpony, sind wiederum Kinder und Jugendliche in der Überzahl. Der Wunsch nach Turniererfolgen in klassischen Disziplinen veranlasst die meisten erwachsenen Reiter jedoch früher oder später, auf ein Großpferd umzusteigen. Warum? Weil man auf dem internationalen Turnierparkett mit einem Pony keine realistische Chance auf Siege hat. Ansonsten wäre sicherlich längst ein Deutsches Reitpony über olympischen Boden getrabt. Große Sportpferde bringen ganz andere körperliche Voraussetzungen mit. Die Anforderungen des Turnier-Reglements sind ihnen quasi auf den Leib geschneidert. Dabei gibt es Ponys, die fehlerfrei durch einen Grand Prix gehen oder beim Springen schwerer Klassen überzeugen. Aber – trotz aller Begeisterung für Ponys – das sind Ausnahmen.

Haflinger sind vom Kaliber her durchaus für erwachsene Reiter geeignet. Davon profitieren auch ponybegeisterte Männer, die durchschnittlich einige Kilogramm mehr auf die Waage bringen als Reiterinnen.

Wahre Liebe

Doch das ist auch gar nicht schlimm. Denn wer sich für ein Pony entscheidet, schlägt diesen Weg aus ganz bestimmten Gründen ein. Was vielen Pferdefreunden besonders verlockend erscheint, ist die unkomplizierte Haltung der meisten Ponyrassen. Sie bieten sich für eine artgerechte Haltung im Offenstall an. Ein wetterfester Unterstand, saubere Einstreu, Auslauf, Ponygesellschaft und angemessener Weidegang – beste Voraussetzungen für ein langes, gesundes Ponyleben. Dabei ist diese Haltungsform nicht unbedingt kostengünstiger als eine Boxenhaltung, aber weitaus pferdefreundlicher. Hinzu kommt die robuste Gesundheit der meisten Ponys. Artgerecht gehaltene Ponys erreichen oft das 30. Lebensjahr und sind bis ins hohe Alter hinein belastbar.

Was Ponys aber tatsächlich für viele so unwiderstehlich macht, ist etwas ganz anderes und hat rein gar nichts mit praktischen Gründen zu tun. Es ist der unvergleichliche Ponycharakter, eine Mischung aus Stolz, Mut, Charme und einer Portion Größenwahn. Denn wenn es eine Spezies gibt, die sich alles zutraut, dann sind es Ponys.

Für Einsteiger

Deutschlands erfolgreichste Vielseitigkeitsreiterin Ingrid Klimke unterrichtet ihre Tochter Greta auf einem Shetland Pony. Die kanadische Pferdeexpertin Linda Tellington-Jones ritt als Kind auf dem Rücken eines Ponys zur Schule. Olympiasiegerin Isabell Werth feierte mit Pony Funny ihre ersten Turniererfolge. Diese Prominenten der Pferdeszene sind keine Ausnahmen. Viele begannen ihre Karriere auf Ponys. Und manche sind bis heute beim Pony geblieben.

Ein sanfter Einstieg ist besser als ein gewagter Hechtsprung ins kalte Wasser. Und offensichtlich gelten Ponys als eine angenehme Einstiegsmöglichkeit, ansonsten würden vermutlich nicht so viele Reiter ihre Karriere im Sattel eines Ponys starten. Das gilt allerdings vor allem für Reiter, die als Kinder oder Jugendliche mit dem Sport beginnen. Erwachsene finden sich meistens gleich auf dem Rücken eines Großpferdes wieder – was manchen übrigens gar nicht so recht ist. Vielen flößt schon der Anblick eines 1,72 Meter großen „Reitelefanten" gehörigen Respekt ein. Dort oben in luftiger Höhe zu thronen, ist noch beeindruckender. Wenn tatsächlich etwas schiefgeht, erweist sich der Sturz vom Großpferd als Langstreckenflug, wogegen der vom Pony höchstens einer Kurz- oder Mittelstrecke gleicht. Egal? Von wegen. Hier zählt jeder Zentimeter.

Gute Lehrmeister

Rein psychologisch gesehen, fällt es vielen Anfängern leichter, sich einem kleinen Pferd anzuvertrauen als einem großen. Was nicht heißt, dass Ponys tatsächlich einfacher zu reiten sind. Genau das ist nämlich oft gar nicht der Fall. Ponys denken mit und mucken auf, wenn ihnen etwas gegen den Strich geht. Sie stellen die Position des Reiters gerne immer wieder in Frage, schalten auf stur, wenn gar

Gut ausgebildete Ponys sind optimale Einsteigerpferde im Gelände. Aber auch wenn sie zuverlässig sind: Ein Helm gehört auf jeden Reiterkopf!

nichts mehr hilft. Es mag wie ein Widerspruch klingen, aber dieses Verhalten ist ein weiteres Plus, das Ponys zu guten Einsteigerpferden macht. Sie bereiten ihren Reiter auf alle erdenklichen Situationen vor. Wer auf Ponys gelernt hat, steckt viel weg, ist sattelfest und kann sich mit einer Mixtur aus Respekt, Einfühlungsvermögen und Konsequenz durchsetzen. Davon profitieren Reiter ein Leben lang, auch wenn sie auf Großpferde umsteigen. Auf ihnen fällt vieles spielend leicht, was auf dem Pony großes Durchsetzungsvermögen erforderte.

Zu schwer fürs Pony?

Der kritische Blick auf die Digitalanzeige der Waage stimmt nachdenklich. Wieder zwei Kilogramm zugenommen – ob das jetzt endgültig zu viel für das 1,38 Meter Stockmaß große Pony ist? Solche Zweifel plagen wohl jeden, der als Kind ein Pony bekam und im Laufe der Zeit nicht nur an Körpergröße, sondern natürlich auch an Gewicht zulegt. Dasselbe kann einem allerdings auch als Erwachsener widerfahren. Schließlich hält nicht jeder jahrzehntelang die schlanke Figur aus früheren Tagen. So packt manch einen Reiter das schlechte Gewissen, wenn er trotz Wohlstandsbäuchlein und Hüftgold in den Sattel seines Ponys steigt.

Leider gibt es keine Formel, mit der sich die Belastungsgrenze errechnen lässt. Doch der gesunde Menschenverstand und Pferdekenntnis helfen. Dass ein 90-Kilogramm-Mensch nichts auf einem 1,20 Meter großen, feingliedrigen Welsh A Pony verloren hat, liegt auf der Hand. Ein 1,45 Meter großer, kräftiger Welsh Cob hätte mit diesem Gewicht aber noch kein Problem.

Die Belastungsgrenze des Pferdes wird zum einen durch sein Stockmaß, zum anderen durch sein Kaliber bestimmt. Wobei beides in Relation zueinander steht. Ein 1,35 Meter großes Islandpferd mit starkem Knochenbau vermag weitaus mehr Gewicht zu verkraften als ein 1,40 Meter großes und zierliches Deutsches Reitpony. Kräftige Knochen, breite Gelenke, ein kurzer Rücken und ausgeprägte Muskeln sprechen für eine höhere Belastbarkeit.

Allerdings sollte auch ein kalibriges Pony nicht zu klein sein, wenn ein schwergewichtiger Erwachsener auf ihm reiten soll. Auch muss prinzipiell das Sattelzeug berücksichtigt werden. Ein Westernsattel mit Holzbaum bringt schnell zwölf Kilogramm und mehr auf die Waage, hinzu kommt die Kleidung des Reiters. Jeans und schwere Leder-Chaps wiegen mehr als eine englische Reithose. Überbelastung führt auf Dauer zu einem frühzeitigen Verschleiß.

Letztendlich gibt es ja auch noch Alternativen zum Reiten, zum Beispiel den Fahrsport, Zirkuslektionen, Doppellongenarbeit oder die Arbeit am langen Zügel.

Warnzeichen

- Das Pony ist unausbalanciert.
- Es stolpert oft.
- Es schwitzt trotz regelmäßiger Bewegung schnell.
- Es braucht nach dem Ritt lange, um sich zu regenerieren.
- Es hat beim Aufsitzen Probleme, ruhig stehen zu bleiben.
- Es läuft mit hoch erhobenem Kopf und weggedrücktem Rücken.

Verschleiß droht allerdings nicht, wenn es nur um die Größe des Reiters geht. Ein viel zu großer, aber leichtgewichtiger Reiter auf einem Ponyrücken ist eine andere Herausforderung: Da die Beine eines großen Reiters bei einem kleinen Pony lang herunterhängen, ist eine Hilfengebung nach klassischer Reitlehre nur bedingt möglich. Mit etwas Übung lassen sich Schenkelhilfen jedoch auch durch Druckimpulse aus dem Knie- und Oberschenkelbereich ersetzen.

Um korrekte Hilfen geben zu können, bedarf es auch eines passenden Sattels. Achten Sie auf ausreichend lange Sattelblätter, sonst bleibt der Stiefelschaft darunter hängen.

Wenn Kinder ihre ersten Reitversuche auf Ponys machen, ist auf Sicherheits-Bekleidung zu achten.

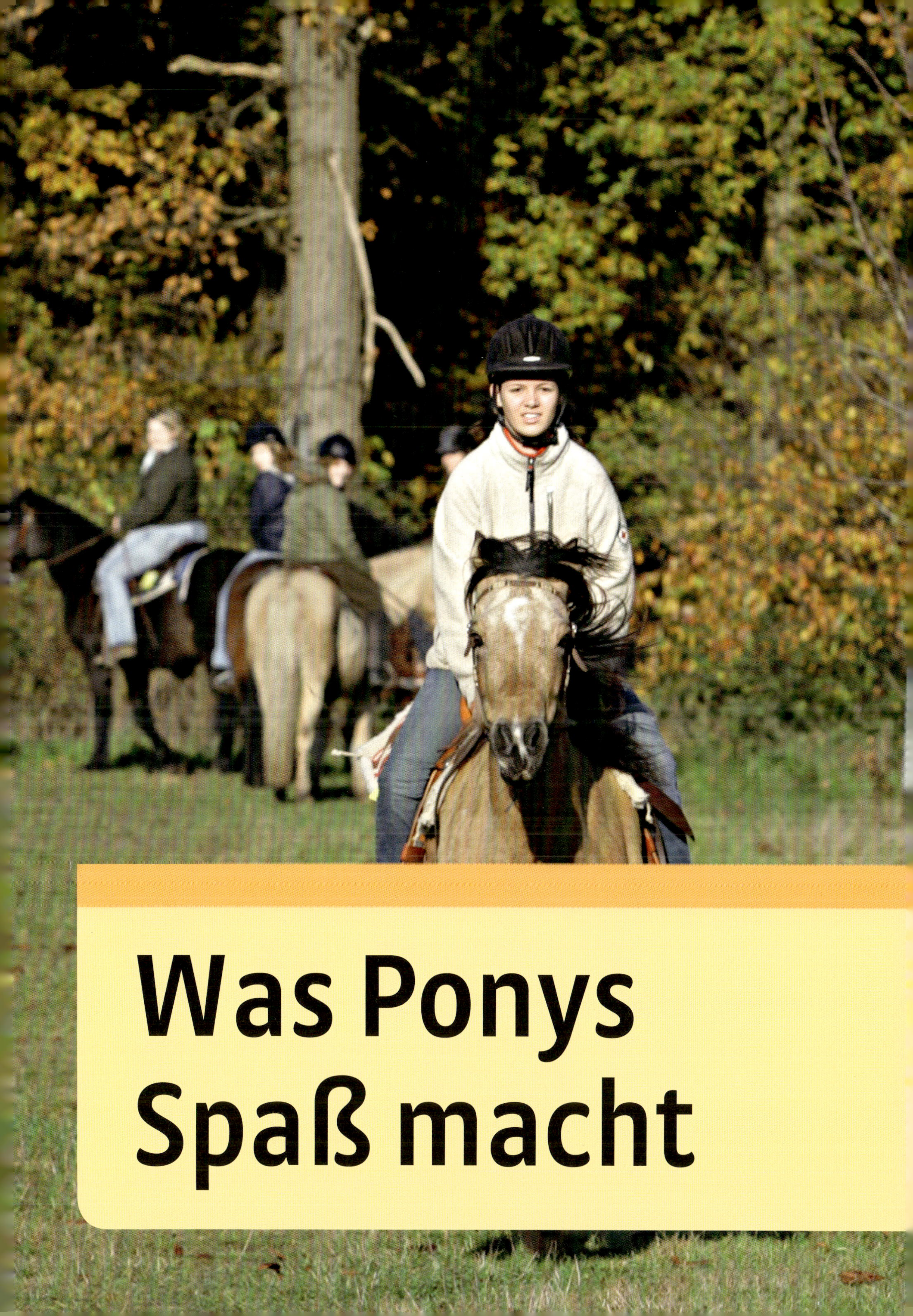

Was Ponys Spaß macht

Dressurreiten

Wenn von einem Dressurcrack die Rede ist, denken die meisten an ein Großpferd. Dabei gibt es auch Ponys, die im Dressurviereck überzeugen. Ihre Reiter haben sogar ein doppeltes Lob verdient, denn die korrekte Ausbildung und Vorstellung eines Mini-Dressurpferds ist oft anspruchsvoller als die eines Großpferdes. Schließlich ist der Körperbau eines Ponys meistens nicht optimal auf Dressuraufgaben abgestimmt.

Chancengleichheit

„Charakter, Temperament, Lernfähigkeit und eine gewisse Sensibilität sind für mich die wichtigsten Kriterien. Und natürlich hervorragende Grundgangarten", beschreibt der Dressur-Olympiasieger Klaus Balkenhol seine Vorstellung von einem Dressurpferd. Dabei zählt für ihn auch das Exterieur. Außerdem sollten Pferd und Reiter von der Größe her harmonieren. Können Ponys da mithalten? Auf dem internationalen Turnierparkett spielen sie eine eher untergeordnete Rolle. Und doch gibt es Ponys, die im Dressurviereck überzeugen.

Zu nennen sind hier vor allem hochkarätige Deutsche Reitponys, die jede Menge Reitpferdepoints mitbringen: einen langen, geschwungenen Hals; eine lange, schräg gelagerte Schulter; ein korrektes Fundament und ein Rechteckformat. Sie bieten oft auch taktreine Grundgangarten an, der Schritt zeigt meist Fleiß und Raumgriff. Deshalb entscheiden sich viele ambitionierte Kinder und Jugendliche für Deutsche Reitponys. Sie sind ideal, um eine Turnierlaufbahn vorzubereiten, die später jedoch meistens mit dem Umstieg auf ein Großpferd endet.

Und warum sollte das Ganze nicht auch mit anderen Ponyrassen funktionieren? Das kann es. Schließlich sind unter anderem auch Welsh Ponys und Edelbluthaflinger in Dressurvierecken höchst erfolgreich. Die kleinere Garde mit ausgeprägten Ponymerkmalen kämpft aber mit einigen Schwierigkeiten. Kurze, muskulöse Hälse eignen sich nicht sonderlich für eine imposante Beizäumung. Kommt fehlende Ganaschenfreiheit hinzu, was bei vielen Ponys der Fall ist, zerplatzt der Traum vom Reiten mit der Nasenlinie in der Senkrechten. Kurze, steile Schultern schränken den Raumgriff ein, was sich vor allem im Schritt bemerkbar macht.

Auch die mentalen Eigenschaften entscheiden darüber, ob ein Pony im Dressursport erfolgreich ist. Konzentrationsvermögen, Kooperationsbereitschaft und Spaß an der Sache gehören auf jeden Fall dazu.

Ein gepflegtes Äußeres ist ein Muss auf jedem Dressur-Turnier. Üppige Ponymähnen braucht man nicht unbedingt einzuflechten, schön gebürstet sollten sie aber sein.

Hinzu kommt der kurze, kräftige Rücken, der einfach nicht so locker schwingen will wie ein längeres Modell.

Auch Ruhe und Gelassenheit, Konzentrationsvermögen und Kooperationsbereitschaft machen ein erfolgreiches Dressurpferd aus. Es gibt Ponys, die solche Eigenschaften mitbringen, aber viele sehen es einfach gar nicht ein, tagein und tagaus dieselben Runden in der Reitbahn zu drehen. Sie verweigern sich und demonstrieren ihrem Reiter unmissverständlich, dass von ihnen kein „Kadavergehorsam“ zu erwarten ist.

Das soll kein Abgesang auf die Dressur-Veranlagungen von Ponys sein, aber ganz klar darauf aufmerksam machen, dass selbst hervorragend trainierte Ponys mit den besten Grundvoraussetzungen meistens hinter größeren Artgenossen zurückstehen. Wenn man sich das bewusst macht und sein Pony trotzdem weit in der Dressur ausbildet, darf der Idealismus nicht auf der Strecke bleiben, sonst hagelt es womöglich Enttäuschungen.

Gymnastik muss sein

Doch auch wer nicht auf Turnierschleifen und Pokale hofft, sollte regelmäßig Dressurübungen auf dem Trainingsplan haben. Ponys müssen ebenso wie Großpferde überlegt gymnastiziert werden, wenn sie lange gesund bleiben sollen.

Dazu gehört das gründliche Lösen vor der Reitstunde, mindestens zehn Minuten Schritt am langen Zügel. Danach trabt man einige Runden auf beiden Händen leicht und galoppiert im Entlastungssitz. Dann sind Muskeln, Sehnen und Bänder gut aufgewärmt.

Auch sollte man immer wieder üben, vorwärts-abwärts zu reiten. In dieser Haltung reitet man einige Runden und achtet dabei auf taktreine Gangarten. Dann nimmt man die Zügel wieder auf und arbeitet an Stellung und Biegung. Das geht gut in Ecken und beim Reiten auf gebogenen Linien, zum Beispiel Zirkel, Schlangenlinien und Volten.

Gut gebogen

Letztendlich dienen alle Dressurlektionen der Gymnastizierung, und von der profitieren Ponyreiter jeder Disziplin. Das Reiten in Biegung ist für Ponys mit kurzem Rücken eine Herausforderung. Dennoch sollte man es trainieren, allerdings schrittweise. Anfangs reicht eine leichte Biegung. Mit fortschreitendem Trainingszustand ist auch eine stärkere Biegung möglich. Eine korrekte Biegung erkennt man daran, dass sich das Pferd vom Genick bis zum Schweifansatz – also mit seiner gesamten Längsachse – nach rechts oder nach links biegt. Das gleicht einer Turnübung, denn um sich zu biegen, muss es sich auf der einen Körperseite verkürzen und auf der anderen gleichzeitig dehnen.

Springreiten

Ein gutes Springpferd überzeugt erst einmal durch innere Werte: Springfreude und Gehlust, Nerv und Kampfgeist, Gelassenheit und Überblick. Kein Problem für Ponys. Doch wie sieht es mit der Höhe aus? Viele Ponys springen erstaunlich hoch und weit. Setzt man ihre Körpergröße mit der Höhe des Hindernisses in Relation, übertrumpfen sie so manchen größeren Kollegen. Einige Ponys halten aber auch einfach mit und setzen ganz cool über einen 1,60-Meter-Oxer.

Greta strahlt über das ganze Gesicht und blickt abschätzend zurück auf den rot-weißen Sprung. Ihr Shetland Pony ist soeben darüber gesprungen, als wäre es nichts. Ingrid Klimke applaudiert begeistert. Die erfolgreiche deutsche Vielseitigkeitsreiterin ist stolz auf ihre Tochter, die im Ponysattel bereits bravouröse Springversuche macht. Greta ist keine Ausnahme. Viele Reiter sammeln ihre ersten Springerfahrungen auf Ponys. Andere bleiben ein Leben lang dabei, denn wenn es um Springqualitäten geht, stehen Ponys ihren großen Artgenossen in nichts nach. Im Gegenteil: Viele bringen eine angeborene Springfreude, Mut und Intelligenz mit. Und all das hilft gewaltig, wenn es gilt, fehlerfrei ein Hindernis zu überwinden.

Mit Herz und Verstand

Das weiß man auch im pferdeverrückten England. Dort sind auf Jagden immer Ponys mit von der Partie. Die mächtigen Naturhindernisse aus Holz und Buschwerk sehen Respekt einflößend aus, was die kernigen Ponys jedoch keineswegs davon abhält, mit wohl taxierten Sätzen darüber zu setzen. Erwachsene Reiter satteln für Jagden gerne Welsh Cobs oder Connemara Ponys, die auch problemlos im anspruchsvollen ersten Feld mithalten. Jüngere Reiter sind oft auf Welsh B und Welsh C Ponys zu sehen. New Forest- und Dartmoor Ponys halten ebenfalls wacker mit, auch wenn Letztere aufgrund ihres Stockmaßes von nur rund 1,20 Meter nicht mit auf die schwierigsten Strecken sollten.

Was braucht ein gutes Springpferd?

Warum springen Ponys so gut und viele auch so gerne? Das liegt zum einen an ihrem Körperbau. Ein kurzer, kräftiger Rücken ist über dem Sprung besser „zusammenzuhalten" als

Greta Klimke unternimmt ihre ersten Springversuche auf einem Shetty.

Connemara-Ponys verfügen über ein ausgezeichnetes Springvermögen.

ein langer, weicher Rücken. Zum anderen sind viele Ponys unheimlich schnell und wendig, was im Parcours ein enormes Zeitplus bringt. Die kurzen Fesseln kommen ihnen ebenfalls zugute. Sie federn zwar weniger als lange, weiche Fesseln, sind dafür aber weitaus belastbarer. Auf breiten, kräftigen Hufen balanciert sich ein Pony ganz hervorragend aus. Und sollte es nach einem versehentlichen Anschlagen tatsächlich einmal zu einem geringfügigen Schaden am Hufhorn kommen, regenerieren sich Ponyhufe extrem schnell.

Der kurze, kräftige Hals, der bei manchen Ponyrassen die Dressurarbeit erschwert, muss beim Springen überhaupt kein Nachteil sein. Profi-Springreiter bevorzugen zwar lange, geschwungene Hälse mit schöner Selbsthaltung, aber ein kurzer Ponyhals ist deshalb noch lange kein Problem. Allerdings müssen Ponys oft weitaus intensiver gymnastiziert werden, bis sie durchlässig sind und beim Springen leicht an der Hand stehen.

Vorteilhaft ist ein guter Galopp. Schließlich geht es in dieser Dreitakt-Gangart an den Sprung und das Hinübersetzen selbst gleicht einem großen Galoppsprung. Energie, Rhythmus und Elastizität kennzeichnen den Galopp eines guten Springponys. Hier sind Gangpferderassen wie Islandpferde und Aegidienberger eher im Nachteil. Ihr Gangvermögen konzentriert sich auf ganz andere Gangarten.

Naturtalente

Doch letztendlich entscheidet auch das angeborene Springvermögen. Und das lässt sich am besten beim Freispringen auf die Probe stellen. Dabei sollte das Hindernis nicht zu hoch sein. Höhe und Breite des Sprunges lassen sich später durch gezieltes Training steigern. Beim Freispringen würde eine „Megahürde“ möglicherweise für Verspannung sorgen, vor allem bei unerfahrenen Ponys. Routinierte Springponys lassen sich davon nicht beeindrucken, zeigen sich beim Freispringen aber oft auch nicht gerade von ihrer besten Seite.

Bei einem Nachwuchs-Springer ist das Freispringen schon aussagekräftig. Geht er den Sprung willig oder zögerlich an? Hechtet er hektisch darüber oder strahlt er über dem Sprung Souveränität aus? Korrigiert sich das Pony geschickt, wenn es sich beim Absprung verschätzt? Wiederholt es einen Fehler wieder oder lernt es daraus? All das erlaubt eine gute Einschätzung der Springqualitäten. Springt ein Pony nicht gerne, sollte man es besser in einer anderen Disziplin schulen.

Tipp

Achten Sie auf die Augen und Ohren des Ponys. Gute Springponys haben ruhige, vertrauensvolle Augen und spitzen aufmerksam die Ohren, wenn es auf den Sprung zugeht. Ein unsicherer Blick und ein unruhiges Ohrenspiel können auf Probleme hinweisen, die eventuell Schwierigkeiten in der Ausbildung und im Umgang mit sich bringen.

Westernreiten

Dass sich Ponys gut unter dem Westernsattel machen, ist nicht erst seit dem Pony Express bekannt. Im Wilden Westen waren viele Pferde der Cowboys eigentlich Ponys – weniger vom Typ, dafür aber von der Größe her. Freizeitreiter steigen gerne in den Westernsattel. Aber auch in der Turnierszene sind zahlreiche Ponys aktiv. Und das überaus erfolgreich. Besonders beim Trail punkten die pfiffigen Kleinen, die stets mitdenken und blitzschnell lernen.

Cowboys nennen ihre Pferde gerne Ponys, auch wenn Country-Star Garth Brooks in einem Song von „Wild Horses" schwärmt. Doch wer weiß, ob der smarte US-Amerikaner überhaupt selbst in den Westernsattel steigt.

Das Stockmaß guter Westernpferde liegt meistens deutlich unter dem eines durchschnittlichen Großpferdes, weswegen Westernreiter ihre Pferde oft als Ponys bezeichnen. Während einige Quarter Horses, Paint Horses oder Appaloosas sind, tragen andere tatsächlich einen Ponybrand. Die Kleinen machen Furore im Western-Outfit.

Es gibt viele Ponyzuchtverbände, die auch Westernklassen in ihrem Veranstaltungskalender haben. Diese Angebote werden gerne genutzt, zumal sich männliche Ponyreiter oft zum Westernreitsport hingezogen fühlen. Das ist eine gute Gelegenheit, die ganze Familie unter einen (Cowboy-)Hut zu bringen.

Western-Ponys

Die Ponys konkurrieren längst mit klassischen Westernpferderassen, zumindest in den meisten Disziplinen.

In der Reining punkten kurze quadratisch gebaute Ponys bei Lektionen wie dem Spin. Für sie ist es viel einfacher, korrekt um ein Hinterbein zu drehen, als für ein mehr im Rechteckformat stehendes Pferd.

Ponys sind nervenstarke Trail-Partner, die auch Spaß an kniffligen Aufgaben haben.

Auch beim Roll Back, einem Stopp aus dem Galopp mit anschließendem Richtungswechsel, wirbeln Ponys blitzschnell herum. Sie profitieren von ihrer Trittsicherheit und Wendigkeit. Manch ein Ponyreiter macht sich sogar einen Spaß daraus, eine komplette Reining ohne Trense zu reiten. Dabei ist das eigentlich gar kein Spaß, sondern eine wahre Meisterleistung.

Beim Trail, einem Parcours mit verschiedenen Bodenhindernissen, sind Ponys fast unschlagbar. Sie lernen schnell, worauf es bei den einzelnen Aufgaben ankommt und denken mit. Umso kniffliger das Ganze ist, desto besser. Über Holzbrücken schreiten, Tore öffnen und sich rückwärts durch L-förmig platzierte Stangen tasten? Das ist ganz nach Ponygeschmack und tausend Mal besser als Langeweile.

Trail-Training ist übrigens auch eine hervorragende Vorbereitung fürs Gelände. Am besten lässt man sich immer neue Hindernisse einfallen und übt auf dem Reitplatz. Dann spult das Pony nicht einfach Erlerntes ab, sondern bleibt wach und aufmerksam. Das hilft wiederum beim Trail-Turnier.

Es gibt allerdings auch Western-Disziplinen, bei denen Ponys streiken, die meisten zumindest. Beim Cutting zum Beispiel. Hier geht es darum, eine Kuh aus der Herde auszusondern und davon abzuhalten, wieder zur Herde zurückzukehren. Dabei soll das Pferd möglichst selbständig arbeiten. Doch dazu braucht es Cow Sense – ein angeborenes Feeling für die Kuh. Wer das bei Shetland Ponys, Tinker Ponys oder Fjordpferden sucht, sucht vergeblich. Angeborener Cow Sense? Das gibt es allenfalls bei Criollos und manchen Pintos und Camargue-Pferden, die in ihrer Heimat seit Generationen an Rinderherden arbeiten.

Stilecht

Abgesehen von der Vielfalt der Disziplinen gibt es auch noch andere Aspekte, die Ponyreiter für den Westernreitsport begeistern. Wer Ponys liebt, ist meistens ein Individualist. Da kommt die bunte Welt der Westernausstatter gerade gelegen. Aufwendig punzierte Trensen mit Silber-Conchos, herrlich verzierte Gebisse, Satteluntерlagen in den neuesten Trendfarben. Dazu passende Boots und aus Rawhide geflochtene Zügel. Schnell packt einen da die Sammelleidenschaft. Während gängige Gebissgrößen (12,5 bis 13 Zentimeter) problemlos in das Ponymaul passen und es auch Beinschutz in ponytauglichen Größen gibt, ist beim Kauf eines Westernsattels sorgfältiges Anpassen und Abwiegen angesagt. Obwohl gut sitzende Westernsättel das Gewicht des Reiters optimal verteilen, sollten sie nicht schwerer als nötig sein. Außerdem auch nicht zu lang, damit der hintere Bereich nicht in die Nierenpartie drückt. Abgerundete Westernsättel passen meist besser auf Ponyrücken. Allerdings muss man aufpassen, dass im hinteren Bereich aufgrund der Kürzung keine Druckspitzen entstehen, denn auch die führen zu Rückenproblemen.

Es gibt eine große Auswahl an Western-Zäumungen, die auch für Ponyköpfe passen. Dabei kann man je nach Geschmack zwischen aufwendig verzierten oder eher schlichten Modellen wählen.

Ist der passende Sattel erst gefunden, tauscht ihn später kaum noch einer gegen einen anderen aus. Denn Westernsättel sind sehr bequem und geben Halt – beste Voraussetzungen für stundenlange Geländeritte. Springen kann man mit ihnen allerdings nicht. Wichtig: Auch ein gut sitzender Westernsattel sollte mindestens einmal jährlich auf seine Passform hin kontrolliert werden. Ponys verändern manchmal ihre Figur, werden dicker oder dünner, legen Muskeln zu oder bauen welche ab. Schnell passt dann der Sattel nicht mehr. Meistens hilft leichtes Umrüsten durch einen Sattlermeister.

Gangpferdereiten

Sie haben eine treue Fangemeinde und wer einmal im Sattel eines Gangpferdes durch die Landschaft schwebte, weiß warum. Pferde mit außergewöhnlich bequemen Gangarten wie dem Tölt sind etwas Besonderes. Nur gut, dass es sie auch im Ponyformat gibt. Islandpferde und auch Aegidienberger bieten all den Komfort, der auch größere Gangpferderassen auszeichnet. Und dabei sind sie robust und sehr unkompliziert im Umgang.

Viele Freizeitreiter schätzen die bequemen Gänge von Islandpferden und Aegidienbergern. Doch nicht alle Gangpferde bringen tatsächlich eine Tölt- und Rennpass-Veranlagung mit. Auch unter ihnen gibt es „Dreigänger".

Völlig erschütterungsfrei auf dem Rücken eines Pferdes sitzen. Sanft dahinschweben wie einst die Plantagen-Besitzer in den amerikanischen Südstaaten. Ein Tablett voller Gläser in der Hand halten und keinen Tropfen verschütten. Das klingt verlockend rückenfreundlich und weltweit erfüllen sich immer mehr Reiter diesen Traum. Tennessee Walking Horses, Missouri Foxtrotter, Paso Peruanos, Paso Finos, American Saddlebreds und andere Gangpferderassen haben Hochkonjunktur. Sie alle sind allerdings Großpferde. Aber auch Ponyreiter kommen in den Genuss des Gangpferdereitens, denn Islandpferde verwöhnen ihre Reiter mit komfortablem Tölt und rasantem Rennpass.

Tölt und Rennpass

Es macht sehr viel Spaß, im Tölt durchs Gelände zu gleiten. So sehr, dass viele Islandpferdereiter früher oder später auf die Idee kommen, mehr daraus zu machen. Mehr – das bedeutet, den Tölt durch gezieltes Training zu verbessern und sich auf Turnieren mit anderen Gangpferdereitern zu messen. Hier können Islandpferde ihre Leistungsbereitschaft beweisen. Bei großen Wettkämpfen geht es auch um Rennpass, aber den beherrschen nicht alle Isis. Dafür zeigen Viergänger meistens einen besseren Trab und schöneren Galopp als Fünfgänger.

Eine rege Tunierszene

Wer sich für professionelles Gangpferdereiten auf Islandpferden interessiert, wendet sich am besten an den Islandpferde-Reiter- und Züchterverband (IPZV). In der Schweiz gibt es die Islandpferdevereinigung Schweiz (IPVCH) und in Österreich den österreichischen Islandpferdeverband sowie den österreichischen Islandpferde-Zuchtverband. Die Verbände bieten unter anderem Töltprüfungen und Passrennen an, aber auch Mehrgangprüfungen. Die Prüfungen sind in verschiedene Alters- und Leistungsklassen unterteilt. Zum typischen Ambiente einer solchen Gangpferdeveranstaltung gehört eine mindestens 250 Meter lange Ovalbahn. Passrennen gehen über eine gerade Strecke mit einer Länge von 100 bis 250 Metern.

Aber man kann auch ein guter Gangpferdereiter sein, ohne Turniere zu besuchen. Vorausgesetzt, das Training stimmt. Bei Islandpferden, die tendenziell in den Trab fallen, anstatt taktklar zu tölten, bewährt sich viel Schrittarbeit als Basis für eine bessere Versammlung. Außerdem ist es besser, nur kurze Strecken zu tölten, und zwar genauso lange wie das Pony taktklar geht. Verliert es den Takt, pariert man sauber zum Schritt durch. Falsch ist es, einfach an den Zügeln ziehen. Bei wechselnd annehmendem und nachgebendem Zügel treibt man leicht vorwärts, damit die Hinterhand nicht auf der Strecke bleibt. Der Sitz des Reiters bleibt gerade aufgerichtet, eine leichte Grundspannung ist wichtig.

Manche Ausbilder setzen bei zum Trab tendierenden Töltern vorübergehend Gewichte an den Hufen ein, was aber nicht für jedes Pferd sinnvoll ist.

Einige Islandpferde tendieren zum Pass. Geschieht das nur in Stresssituationen, hilft gründliches Lösen mit lockernden Lektionen wie Galopp oder Volten reiten. Der Reitersitz sollte in diesem Fall ohne unnötige Anspannung sein. Cavaletti-Arbeit im Trab, Tölt auf weichem Boden und in Schlangenlinien helfen Isländern oft, den Tölt zu finden.

Steht kein Stress, sondern vielmehr Faulheit hinter der Passtendenz, kann man mit viel Schrittarbeit mehr Spannung aufbauen. Dabei helfen häufige Übergänge vom Schritt oder Halt in den Tölt und alle Übungen, die sich positiv auf die Aktivität der Hinterhand auswirken. Zusätzliche Gewichte an den Hufen sind bei solchen Pferden eher unangebracht. Bei der Trabarbeit empfiehlt sich, erst zu traben und dann zu tölten. Der Trab lockert den oft angespannten Rücken zum Pass tendierender Tölter.

Das spezielle Gangwerk und der kurze Rücken des Islandpferdes stellen besondere Anforderungen an die Ausrüstung – insbesondere an den Sattel, zumal oft große Reiter auf den kleinen Pferden Platz nehmen. Früher ging der Trend zu sehr langen Sätteln, die den reiterlichen Schwerpunkt weit nach hinten verlagerten. Inzwischen tendieren die Sattel-Hersteller eher zu kürzeren Modellen, wobei auch hier Vorsicht vor unerwünschten Druckspitzen geboten ist.

Training auf der Ovalbahn

Distanzreiten

40 Kilometer ist sie lang, die klassische Marathon-Distanz. Doch was manchen zweibeinigen Läufer an die Leistungsgrenze bringt, ist für Distanzponys nur die Einstiegsklasse. Bis zu 160 Kilometer legen sie zurück. Damit das klappt, bedarf es guter Vorbereitung mit Konditionstraining, ausgewogener Ernährung und gezielter Gymnastizierung. Da Distanzreiten ein Hochleistungssport ist, sollte das Pony kräftig genug für seinen Reiter sein.

Auf die Strecke, fertig, los

Es gibt nicht nur zweibeinige Marathonläufer, sondern auch vierbeinige. Allerdings heißt diese Disziplin Distanzreiten, sobald Pferde mit im Spiel sind. Pferde und auch Ponys, denn hier dürfen sich alle Rassen gegeneinander messen. Die 160-Kilometer-Strecke, der „Hundertmeiler", gilt als Klassiker des Distanzsports. Doch bevor sich Pony und Reiter an dieses hochgesteckte Ziel wagen, versuchen sie sich erst einmal auf kürzeren Strecken.

Beim Einführungsritt über 39 Kilometer herrscht ein Tempolimit. Auf Teufel komm raus galoppieren, um als Erster durchs Ziel zu kommen, ist also nicht drin. Die Bewertung erfolgt nach Leistungsklassen und/oder Pulswerten beim tierärztlichen Check.

Danach bietet sich ein tempobegrenzter oder tempofreier, kurzer Distanzritt mit einer 59-Kilometer-Strecke an, gefolgt vom mittleren Distanzritt (79 Kilometer) und schließlich dem langen Distanzritt.

Bei mittleren und langen Distanzen gewinnt immer das schnellste Pony. Außerdem gibt es Mehrtagesritte, bei denen unterschiedliche Streckenlängen an verschiedenen Tagen bewältigt werden. Egal, welche Distanz man angeht: Es ist wichtig, dass Pony und Reiter gut trainiert auf die Strecke gehen. Ansonsten drohen gesundheitliche Schäden.

Für kleine und große Sportler

Ob man mit einem Shetland Pony, einem Haflinger oder einem Welsh Cob dem Distanzsport frönt, ist dem eigenen Geschmack überlassen. Zugelassen sind alle Rassen, wobei Araber und Englische Vollblüter über-

Ponys sind ausdauernde Distanz-Partner, wenn sie richtig vorbereitet werden .

Das muss passen – Ausrüstung

Distanzreiten ist ein Höchstleistungssport, deshalb sollte die Ausrüstung von Pony und Reiter hochwertig sein. Ganz wichtig ist ein optimal passender Sattel, der auch nach stundenlangen Ritten keine Druckstellen hinterlässt. Es gibt spezielle Distanzsättel, die das Reitergewicht bestens verteilen und den Pferderücken schonen. Wichtig sind auch rückenfreundliche Sattelunterlagen und pflegeleichte, wetterfeste Trensen. Umfassende Auskünfte zum idealen Equipment erhält man zum Beispiel beim Verein Deutscher Distanzreiter (VDD).

wiegen. Es gibt aber eine Altersbegrenzung. Ponys, die bei Distanzritten starten, müssen mindestens fünf Jahre alt sein. Entscheidend ist nicht nur das Geburtsdatum, sondern ein abgeschlossener Zahnwechsel. Fünfjährige sind darüber hinaus nur für Einführungsritte zugelassen. Sechsjährige dürfen sich auf kurzen und mittleren Distanzen messen, Langstrecken sind erst für Siebenjährige erlaubt, besonders strapaziöse Langstrecken sogar erst für Achtjährige.

Gut trainiert

Ebenso wichtig wie eine passende und gute Ausrüstung ist ein ponygerechtes Training. Einfach in den Busch reiten und jeden Tag eine Stunde länger traben reicht nicht, um im Distanzsport ohne gesundheitliche Schäden zu punkten. Systematisches Training ist angesagt.

Ein Ziel dieses Trainings ist Losgelassenheit. Das üben Profis mithilfe vieler Übergänge zwischen verschiedenen Gangarten. Dabei achten sie auf eine leichte Anlehnung und darauf, dass der Reiter vor allem über den Sitz einwirkt. Der Reiter soll möglichst passiv sein, um den idealen Bewegungsrhythmus des Pferdes nicht zu stören. Das spart auf einem Distanzritt Energie und Kraft.

Vor dem Vet-Check gibt es eine Abkühlung. Das kalte Wasser senkt den Puls des Ponys. Ist er zu hoch, droht eine Disqualifikation.

Auch Slalomreiten steht auf dem Programm. Hierbei ist auf seitlich einwirkende Gewichtshilfen zu achten. Beim Slalomreiten kann man Ponys gut auf beiden Händen trainieren. Die Hindernisse – zum Beispiel Hütchen – erleichtern das Biegen.

Stangenarbeit ist gut für die Rückentätigkeit des Ponys. Um sie noch anspruchsvoller zu gestalten, verändert man immer wieder die Höhe der Cavalettis. Ungleiche Abstände erhöhen die Konzentration und sollen einen möglichst ökonomischen Trab und Galopp fördern, indem das Pferd nach und nach zu einer verlängerten Schwebephase kommt.

Gymnastizierung dient der Einschränkung leistungsbegrenzender Faktoren. Hierzu gehören unter anderem: die Trittlänge, die Kondition, die Muskulatur, das Interieur und das Exterieur. Einiges kann man durch gezieltes Training verbessern, anderes nicht – wie zum Beispiel die meisten exterieurbedingten Schwächen. Ein Pony mit einer Fehlstellung ist im Leistungssport unter Umständen nur bedingt einsetzbar, daran ändert auch ein systematisches Training nichts. Anders sieht das mit interieurbedingten Schwierigkeiten aus: Ein übersensibles oder ängstliches Pony kann durch gezieltes Üben durchaus ruhiger und belastbarer werden.

Wanderreiten

Wildromantische Landschaften, reißende Bachläufe, liebliche Täler: Wanderreiter schwärmen, wenn sie von Expeditionen zu Pferde berichten. Die meisten sind echte Naturburschen, scheuen weder Wind noch Wetter. Doch das liegt nicht nur an ihrer Robustheit, sondern auch an ihrer Ausrüstung, denn selbst hartgesottene Wanderreiter vertrauen auf Funktionsbekleidung und pflegeleichtes Equipment für ihr Pony. Wanderreiter satteln mit Vorliebe Tinker, Haflinger, Fjordis & Co.

Tagelang durch traumhafte Landschaften reiten, Teamgeist und Natur genießen – das macht Wanderreiten zu einem unvergesslichen Erlebnis.

Trittsicherheit, Nervenstärke und Ausdauer zeichnen ein gutes Wanderreitpony aus. Da sich viele Ponyrassen bestens in schwierigem Gelände zurechtfinden und ein gesundes Selbstbewusstsein haben, eignen sie sich von Natur aus sehr gut für diesen Sport. Lediglich die Ausdauer ist nicht angeboren, sondern das Ergebnis eines systematischen und überlegten Trainings.

Prinzipiell kommen viele Ponyrassen in Frage, allerdings sollten Größe und Gewicht des Wanderreitduos harmonieren. Bei einem Wanderritt sitzt man meistens mehrere Stunden im Sattel. Stehen Stockmaß und Kaliber des Ponys nicht in Relation zum Reitergewicht, kommt es schnell ins Schnaufen. Deshalb sollte man auf jeden Fall ein Pony auswählen, das ausreichend Kraft und Größe mitbringt. Tinker Ponys, Norwegische Fjordpferde, Haflinger, Highland Ponys, Connemaras und auch Welsh Cobs erfüllen meistens diese Kriterien – auch wenn ein erwachsener Mann im Sattel sitzt.

Nicht gleich den Jakobsweg

Das Wichtigste für einen gelungenen Wanderritt ist die Vorbereitung. Und hier steht Konditionstraining an allererster Stelle. Pferd und Reiter müssen sich schrittweise an die anstehende Herausforderung gewöhnen.

Fitness- und Ausdauertraining – zum Beispiel Power Yoga und täglich 30 Minuten auf dem Cross-Trainer – bringen den Reiter in Form. Für das Pony stehen Longen- und Cavalettiarbeit, Freispringen, Dressurübungen und tägliche Ausritte auf dem Trainingsplan. Ein Wanderreitpony darf keinesfalls die ganze Woche herumstehen und am Wochenende auf einen Acht-Stunden-Ritt gehen. Das schadet der Gesundheit und kann – neben einem Kreuzverschlag – auch zu frühzeitigem Verschleiß führen. Außerdem darf man sich nicht vom Ehrgeiz packen lassen und gleich beim ersten Wanderritt den Jakobsweg ins Auge fassen. Bevor man sich an Hunderte von Kilometern lange Strecken wagt, ist es besser, erst mal viele kürzere Wanderritte zu machen.

Wo darf ich reiten?

Bei jedem Ritt verbessert sich die Geländesicherheit des Ponys: Umso mehr es erlebt, desto unerschrockener ist es. Gleichzeitig verbessert sich die Sicherheit des Reiters, mit Kompass und Karte umzugehen. Auch das muss schließlich gelernt sein, und es ist leichter, in bekanntem Gelände zu trainieren. Bevor es in unbekannte Regionen geht, muss man sich auf jeden Fall über die Gesetzeslage erkundigen, denn die Bestimmungen variieren regional. Manchmal sind nur ausgeschilderte Reitwege und befestigte Wege zu nutzen, ein anderes Mal sind alle Waldwege freigegeben. Am besten ist es, sich bei erfahrenen Wanderreitern zu erkundigen.

Echte Abenteuer

Es gibt viele wunderschöne Regionen, die Wanderreiter locken. Herrliche Landschaften und hervorragende Reitmöglichkeiten ziehen Wanderreiter unter anderem auch ins Ausland. Ritte durch Andalusien, über die französische Salzstraße oder von Schloss zu Schloss entlang der Loire? Abenteuer-Ritte durch Kanada oder die Wildparks Südafrikas? Weltweit gibt es verlockende Möglichkeiten. Nur das eigene Pony bleibt bei solchen Exkursionen besser zu Hause.

Gut ausgestattet mit atmungsaktiver Outdoor-Bekleidung geht es auf den Wanderritt. Damit auch das Pony Spaß an der Sache hat, ist eine qualitativ hochwertige und exakt sitzende Ausrüstung unerlässlich.

Ideal für Wanderreiter

Zur Ausrüstung gehören

- ein bequemer Sattel, der den Pferderücken schont;
- eine atmungsaktive Satteldecke;
- ein Sattelgurt, ideal ist eine Drei-Punkt-Gurtung;
- Satteltaschen;
- eine robuste Trense mit optimal passendem Gebiss;
- ein Kompass;
- eine Landkarte; ideal sind Reitwegkarten im Maßstab 1:25.000 oder 1:50.000;
- Erste-Hilfe-Set;
- Hufauskratzer;
- ein Reithelm;
- eine Reithose; nicht zu eng am Knie (das gibt Druckstellen);
- Handschuhe;
- ein atmungsaktives T-Shirt oder Sweatshirt;
- eine atmungsaktive Multifunktionsjacke;
- atmungsaktive Socken oder Kniestrümpfe;
- Reitstiefel oder Stiefeletten mit glattem Profil (wichtig: Es sollten auch gute Laufschuhe sein);
- evtl. Chapsletten;
- ein Regenschutz;
- GPS, falls es in einsame Regionen geht.

Fahren mit Ponys

Wenn Ponygespanne des Weges kommen, bleiben Passanten stehen und staunen. Umso kleiner die kecken Powerpakete sind, desto größer ist die Begeisterung. Ein Viererzug kleiner Tigerschecken zieht mehr Blicke auf sich als das teuerste Automodell. Doch es gibt noch mehr Gründe, die Fahrsport mit Ponys zu einem Erlebnis machen: Vor der Kutsche stellen selbst die kleinsten Pferde großes Können unter Beweis. Vorausgesetzt, die Ausbildung stimmt.

Fahren ist auch eine gute Alternative für Ponybesitzer, die zu groß sind, um ihr Pony reiten zu können.

Die vier Blondschöpfe legen sich mächtig ins Zeug. Sie gehen steil in die Kurve, umrunden die bunten Pylonen, preschen zielsicher durchs Wasser. Der Fahrer auf dem Kutschbock grinst: Er wird es den anderen zeigen mit seinen flinken Haflingern. Und tatsächlich überwindet der Pony-Viererzug den Parcours fehlerfrei in einer beeindruckend schnellen Zeit.

Das ist keine Ausnahme, Ponys sind stark im Fahrsport vertreten und machen vielen Großpferden echte Konkurrenz. Ihre Kraft, Wendigkeit und vor allem ihr ausgeprägter Kampfgeist ermöglichen enorme Leistungen. Kein Wunder also, dass im Fahrsport immer mehr Ponys an den Start gehen.

Freizeitspaß

Doch viele Ponybesitzer interessieren sich gar nicht sonderlich für Pokale und Schleifen. Sie wollen gemeinsam mit ihren Ponys die Natur genießen, und zwar vom Kutschbock aus. Das Freizeitfahren boomt. Es macht sehr viel Spaß und viele Ponygespanne werden gezielt zusammengestellt. Handelt es sich um sehr kleine Ponys wie Shetland oder sogar Mini-Shetland Ponys, sieht man oft Viererzüge oder gar noch größere Gespanne. Der Fahrsport ermöglicht es Erwachsenen aber auch, aktiven Sport mit zum Reiten zu klein gewordenen Ponys zu betreiben.

Die Vorbereitung auf das Fahren erfolgt an der Doppellonge und am langen Zügel. Ponys erweisen sich dabei oft als sehr gelehrig.

Unfälle vermeiden

Bei aller Euphorie für den Ponyfahrsport sollte ein Fehler keinesfalls unterlaufen, und zwar der, den Fahrsport zu unterschätzen. Wer Ponys fahren will, sollte sich auskennen. Und genau das ist leider oft nicht der Fall. Durchgehende Gespanne, kippende Kutschen, von Sitzen geschleuderte Fahrer – das sind News, über die Tageszeitungen mit trauriger Regelmäßigkeit berichten. Mal ist es ein voll besetzter Planwagen, der kippt und den Kutscher unter sich begräbt. Mal eine Hoch zeitskutsche, die ein Auto rammt und eine metertiefe Böschung hinabstürzt. Woran liegt es bloß, dass aus der Kutschfahrt oft ein Fiasko wird?

Viele unterschätzen die Gefahr des Kutschierens, gerade, wenn „nur" Ponys im Geschirr laufen. Oft fehlt einfach auch der Sachkundenachweis, es mangelt an Know-how und vielerorts herrscht Wildwuchs. Es gibt Verleihfirmen, die Kutschen an unerfahrene Kunden vermieten – ein unkontrollierbares Risiko. Im turniermäßigen Fahrsport passiert deutlich weniger. Folglich ist Eigeninitiative gefragt. Denn die Sicherheit von Pony, Fahrer und Umwelt steht auf dem Spiel.

Angebote nutzen

Es gibt Schulungsmaßnahmen, die jeder nutzen sollte, bevor es auf den Kutschbock geht. Schließlich gefährden schlecht oder gar nicht ausgebildete „Fahrsportler" nicht nur sich selbst und ihr Gespann, sondern auch ihre Umwelt. Eine solche Selbstüberschätzung kann dramatisch enden. Also besser mit solider Vorkenntnis auf den Kutschbock steigen.

Praxiserfahrung zählt

Wer ein Fahrabzeichen machen will, muss sich mit Pferdekunde befassen. Doch ob das alleine ausreicht, um auch in schwierigen Situationen den Überblick zu bewahren, bezweifeln viele Fahrsportprofis. Nur wenn man weiß, wie Ponys „ticken", kann man blitzschnell reagieren, wenn Gefahr im Verzug ist. Diese Erfahrung bekommt man durch jahrelangen Umgang mit Ponys. Die Ausbilder geben das Rüstzeug mit auf den Weg. Wenn Verantwortungsbewusstsein und die richtige Selbsteinschätzung hinzukommen, steht dem Fahrspaß mit Ponys nichts mehr im Wege. Blauäugig ohne erfahrene Begleitung dem Fahrsport zu frönen, ist dagegen fahrlässig.

Im Showgeschäft

Sie sind absolute Publikumslieblinge. Ponys betören sogar Menschen, die sich ansonsten nicht für Pferde begeistern. Das liegt an ihren dunklen Knopfaugen, den wuscheligen Mähnen und ihrer unvergleichlich kecken Art. Da Ponys auch noch für allerlei Schabernack zu haben sind, bieten sie sich geradezu für die Unterhaltungsbranche an. Und die profitiert von den kleinen Charmeuren, die blitzschnell die kompliziertesten Kunststücke erlernen.

Ponys und Show – das gehört untrennbar zusammen. Zwar präsentierte Philip Astley, der Pionier des modernen Zirkus, zuerst nur Araberhengste im Manegenrund, doch schon bald wirbelten kleine Ponyhufe die Sägespäne auf. Das war vor über hundert Jahren. Ponys dürfen im klassischen Zirkusmodell nach wie vor nicht fehlen. Sie präsentieren sich ebenso gekonnt in der Freiheitsdressur wie ihre größeren Kollegen, sind aber viel schneller, wenn es um die Eroberung der Zuschauerherzen geht...

Deshalb sind sie auch in fast jeder Pferdegala zu sehen. Da wuseln ganze Ponyherden durch die Arena und entlocken den Zuschauern begeistertes Juchzen. Andere zeigen am langen Zügel Lektionen der hohen Schule. Und auch vor kleinen Römerwagen und anderen Gefährten ernten Ponys tosenden Applaus.

Ponys lernen blitzschnell Kunststücke. Dann wollen sie aber auch gebührend gelobt werden!

Für Motivations-Profis

Ponys lernen die schwierigsten Kunststücke und sind ein Publikumsmagnet. Doch gerade das macht ihr Leben im Showgeschäft zu einem zweischneidigen Schwert. Ständig mit einem Zirkus herumreisen, im Boxenzelt leben und auf Weidegang verzichten? Das ist gar nicht nach Ponygeschmack. Und wenn die gezeigten Lektionen auch noch durch knallhartes Training mit Hilfszügeln und Peitsche erzwungen werden, hört der Spaß ganz auf. So etwas ist ponyfeindlich und gehört ganz klar aus der Zirkuswelt verbannt.

Die Ausbildung und die Präsentation eines Showponys bedürfen eines kompetenten und einfühlsamen Trainers. Ponys sind gerne dazu bereit, freiwillig Erstaunliches zu leisten, wenn man sie gekonnt motiviert. Dabei ist Sensibilität angebracht, denn jede Einwirkung von außen wirkt viel stärker auf ein Pony als auf ein Großpferd. Das sollte man immer bedenken, wenn Longe, Doppellonge oder langer Zügel zum Einsatz kommen.

Mit dem nötigen Know-how lassen sich Ponys zu richtigen Showstars machen. Und genau daran finden viele ehemalige Ponyreiter Gefallen, die irgendwann zu groß und zu schwer für ihren Vierbeiner wurden. Bei ihnen geht es meistens nicht darum, mit den Auftritten Geld zu verdienen, sondern darum, einen sinnvollen Zeitvertreib zu schaffen. Das Pony als vierbeinigen Rasenmäher auf die Weide zu stellen wäre schade und vermutlich auch noch gesundheitsschädlich für das Mini-Pferd. Besser ist es, ein neues gemeinsames Hobby zu finden.

Zirkuslektionen – mehr als ein Zeitvertreib

Früher war man mit dieser Entscheidung ein Exot. Heute ist das längst nicht mehr der Fall. Immer mehr Ponybesitzer besuchen Kurse über Zirkuslektionen und führen das Erlernte bei sich am Stall vor. Das Ausbildungsangebot ist groß und sollte dementsprechend genau unter die Lupe genommen werden. Gute Zirkuslektionen-Trainer arbeiten immer ohne Gewalt. Lernerfolge werden durch positive Impulse wie Leckerchen oder andere Belohnungen gefestigt. Auch das bei Hundehaltern so beliebte Clicker-Training bringt bei manchen Pferden beachtliche Erfolge. „Schrittweise, mit Geduld und System vorgehen" lautet die Devise. Trainer, die aus Leistungsdruck schon in der ersten Stunde anspruchsvolle Tricks von ungeübten Ponys erwarten, taugen nichts.

Sicheres Equipment

Vorsicht beim Kauf oder Bau von Trainings-Equipment. Podeste, auf denen Ponys stehen sollen, müssen ausgesprochen standfest und stabil sein, sonst drohen Verletzungen. Diese werfen den Trainingserfolg wieder weit zurück. Sensible Ponys weigern sich zukünftig vielleicht sogar generell, eine Übung auszuführen, bei der sie sich erschreckt haben. Besser ist es, durch geeignetes Equipment vorzubeugen.

So kann man gleich zwei beliebte Freizeitpartner auf einen Streich beschäftigen. Geduld und Vertrauen sind wichtige Voraussetzungen.

Apportieren

Und welche Kunststücke soll man seinem Pony beibringen? Diesbezüglich sind neben Klassikern wie Kompliment, Hinsetzen und Hinlegen der Fantasie kaum Grenzen gesetzt. Relativ einfach zu lehren und effektvoll ist das Apportieren von Gegenständen. Dazu braucht man lediglich einen Gegenstand, den das Pony gut mit den Zähnen greifen kann. Diesen legt man auf den Boden und bestärkt das Pony positiv, sobald es seine Aufmerksamkeit auf den Gegenstand lenkt (also sofort Loben, Clickern oder ein Leckerchen geben).

Diese Übung wiederholt man und belohnt dann erst, wenn das Pony den Gegenstand mit seinem Maul berührt. Auch das immer wieder üben. Klappt das tadellos, wartet man auf das Anheben des Gegenstands, erst nur ein ganz kleines Stück weit, danach immer höher. Später legt man den Gegenstand schrittweise immer ein Stück weiter weg: Erst nur so sweit, dass ein langer Hals ausreicht, um daranzukommen, dann ist vielleicht ein Schritt notwendig und zum Schluss auch viele Schritte.

Wichtig: Das Pony muss den Gegenstand immer beim Ausbilder abliefern, um seine Belohnung zu bekommen.

Freizeitpartner Pony

Die Natur hautnah erleben, sich entspannen, Sport treiben und jede Menge Spaß haben – das erleben viele Freizeitreiter täglich. Sie lieben es, ihren Sport ganz individuell zu gestalten, und genau das ist möglich, wenn der Freizeitpartner ein Pony ist. Ponys sind extrem vielseitig, ihre Haltung ist unkompliziert und es gibt für jeden Reiter das passende Pony. Vorbei sind die Zeiten, in denen nur Kinder erhobenen Hauptes in den Ponysattel steigen durften.

Für viele Reiter gibt es nichts Schöneres, als die Freizeit gemeinsam mit ihrem Pony zu genießen. Dabei rangieren Ausritte ganz oben in der Beliebtheitsskala.

Erwachsene Fans

In den 70er-Jahren nahm die Freizeitreiterbewegung ihren Anfang, und viele Ponyrassen wurden auch bei erwachsenen Reitern populär. Den Anfang machten die Islandpferde, aber auch Haflinger, Norweger, die Connemaras, Welsh Ponys, Shetland Ponys und Tinker stehen hoch in der Gunst der Freizeitreiter. Andere wie New Forest Ponys, Highland Ponys, Dartmoor Ponys oder Miniature Horses sind seltener, erfreuen sich aber eines kleinen, hoch engagierten Liebhaberkreises.
Die meisten Ponys sind überwiegend in Freizeitreiterställen zu finden. Eine Ausnahme ist das Deutsche Reitpony, das häufig in einem von Turnierambitionen geprägten Umfeld lebt.

Unkompliziert

Warum teilen so viele Freizeitreiter ihr Leben mit einem Pony?

Weil Ponys bestens zum modernen Lifestyle passen. Sie sind sympathisch und unkompliziert, reagieren nicht auf jede kleine Veränderung mit Koliken und anderen gesundheitlichen Störungen. Sie sind sozial und kontaktfreudig, leben am liebsten im Offenstall in Herden. Ihr Fell passt sich bestens

an die Jahreszeiten an und braucht nicht beim kleinsten Regenschauer eine wärmende Decke. Ponyhufe bleiben oft ohne Beschlag, sie werden mit Raspeln und Schneiden in Form gehalten.
Da viele Ponys ausgezeichnete Futterverwerter sind, ist der Kraftfutterverzehr überschaubar. Hochwertiges Heu sollte jedoch immer in ausreichender Menge vorhanden sein.

Dazulernen

Ponys sind vielseitig. Brave Ponys sind gute Kinder- und Einsteigerpferde. Auf dem Reitplatz und im Gelände kann man sehr viel von ihnen lernen. Das gilt übrigens auch für Erwachsene. Wenn ein erfahrener Reiter auf das passende Pony trifft, sind die Freizeitmöglichkeiten groß.

Die meisten Freizeitreiter lieben Ausritte. Da sie jedoch längst nicht alle dem Image des ständig am langen Zügel dahinschlurfenden Reiters entsprechen, sondern viele fleißig an der eigenen Fortbildung arbeiten, hat sich hier einiges getan. Wochenende für Wochenende verladen Freizeitreiter ihre Ponys, um mit ihnen zu den unterschiedlichsten Fortbildungsseminaren zu fahren. Auch mehrtägige oder mehrwöchige Kurse sind keine Seltenheit. Wer Hängerfahrten scheut, lädt Trainer zum eigenen Stall ein.

Kursvielfalt

Das Freizeitreiter-Kursangebot reicht von Bodenarbeit und Doppellongentraining über Zirkuslektionen und Clicker-Training bis hin zu Barockreiterei. Und noch immer stehen bei den meisten Reitern nicht Karrierewunsch und Wettkampf im Vordergrund, sondern der Wille, gemeinsam mit dem Pony etwas dazuzulernen. Das Angebot an Möglichkeiten ist heute größer und vielfältiger denn je.

Alles Unfug, wenn man „nur" Freizeitreiter ist? Von wegen, eine solide Ausbildung, Fortbildung und die regelmäßige Gymnastizierung des Ponys sind wichtig, wenn es lange zufrieden und leistungsfähig bleiben soll. Die Skala der Ausbildung gilt für Pony- und Großpferdereiter.

Wussten Sie, dass ...

- Freizeitreiter die größte Gruppe aller Reiter ausmachen?
- Freizeitreiter überdurchschnittlich oft Ponys reiten?
- man durchschnittlich 15 Minuten an einem Pony putzt?
- Islandpferde zu den beliebtesten Freizeitrassen gehören?
- Die Anzahl der Freizeitponys in den letzten Jahren einen enormen Anstieg erlebt hat?
- das Reinigen eines Ponyauslaufs (ca. 150 Quadratmeter) 15 Minuten dauert?
- sich der Pferdebestand in den letzten 40 Jahren vervierfacht hat?

Ponybesitzer lieben einen individuellen Lifestyle. Deshalb mögen sie auch ausgeprägte Pony-Persönlichkeiten, die durchaus ihren eigenen Kopf haben.

Ponyrassen der Welt

Camargue-Pferd

Sie sind schneeweiß, haben viel Cow Sense und stellen unerfahrene Reiter allzu gerne auf die Probe: Camargue-Pferde. Eigentlich sind sie in Südfrankreich zu Hause, doch auch mit dem nordeuropäischen Klima kommen die robusten Schönheiten glänzend zurecht. Nur zu üppige Weiden, die vertragen sie nicht so gut. Logisch, denn im heimischen Rhône-Delta steht energiearme Kost wie Schilfgras auf dem Speiseplan.

Gefährliches Spektakel

Es geht um Leben und Tod beim „Tri de bétail". Und das scheinen die Camargue-Hengste und -Wallache zu wissen, die bei diesem traditionellen Spektakel blitzschnell spitzen Stierhörnern ausweichen. Doch hierbei handelt es sich nicht um eine künstlich inszenierte Show für großes Publikum, sondern um einen typischen Ausschnitt aus dem Leben der südfranzösischen Gardians und ihrer Pferde. Beim „Tri de bétail" gilt es, ein Kalb, eine Kuh und einen Stier nacheinander aus der Herde auszusondern – eine Spezialität der berittenen südfranzösischen Rinderhirten, der Manadiers.

In Frankreich, dem Heimatland des Camargue-Pferdes, schmunzeln alte Züchter, wenn vom Cow Sense des Quarter Horses die Rede ist. Ihrer Meinung nach haben Camargue-Pferde ein noch viel besseres Gespür für die Arbeit am Rind. Als guter Partner des berittenen Rinderhirten erahnen sie meist schon vor ihrem Reiter, was im nächsten Moment zu tun ist. Sie sind stets hellwach, um gegebenenfalls im Bruchteil einer Sekunde zu reagieren. Reine Befehlsempfänger sind in diesem Business nicht gefragt, sondern kluge Kleinpferde, die sich keinen Fehltritt erlauben. Von diesen Eigenschaften profitieren auch Freizeitreiter, die gern ins Gelände gehen oder sogar Wanderritte machen. Denn egal wie anspruchsvoll die Strecke ist – ein Camargue-Pferd bahnt sich immer seinen Weg.

Im Gelände sind Camargue-Pferde zuverlässige Partner.

Über die Jahrhunderte hinweg entstand ein Camargue-Pferde-Typ, der den hohen Anforderungen der Manadiers voll und ganz entspricht. Allerdings lebten die weißen Pferde nicht – wie oft behauptet – bis ins letzte Jahrhundert hinein völlig wild und ursprünglich im Rhône-Delta. Es gab durchaus Einkreuzungen anderer Rassen, wie zum Beispiel die von Berbern und Arabern im achten Jahrhundert nach Christus. Angeblich diente das vor allem der Verbesserung der Rittigkeit, was auch gelang. Doch durch diesen Fremdeinfluss kam es auch zu einer Aufweichung des Camargue-Pferde-Typs. Die Herden boten lange ein sehr uneinheitliches Bild.

Seit der offiziellen Anerkennung als Rasse im Jahr 1978 ist wieder zunehmend ein klares Zuchtziel zu erkennen. Die Widerristhöhe liegt mittlerweile durchschnittlich zwischen 1,35 und 1,48 Meter. Die Brust soll breit und tief sein. Schwere Köpfe mit kleinen Ohren und üppiges Langhaar gehören ebenso zum Rassebild wie ein tief angesetzter Schweif.

Ob alle Camargue-Pferde inzwischen diesem Zuchtziel entsprechen, lässt sich schwer nachprüfen, denn es ist nicht einmal klar, wie viele von ihnen überhaupt in Frankreich leben. Nur eines ist bekannt: Im rund 86.000 Hektar großen Parc Naturel Régional de Camargue sollen es schätzungsweise 3.000 „Crins blancs“ (= Weißhaarige) sein. Die weißen Herden sind eine Touristenattraktion. Jährlich pilgern Pferdefans aus aller Welt in den Nationalpark, um die Schönheiten hautnah zu erleben.

Dabei sind Camargue-Pferde keine Ponys für Jedermann. Sie haben ihren eigenen Kopf, den sie auch durchsetzen, wenn ihnen ein Reiter nicht gewachsen ist. Da Camargue-Pferde erst im Alter von acht Jahren erwachsen sind und vorher mitunter viele Flausen im Kopf haben, sollten unerfahrene Reiter auf jeden Fall nach einem älteren, gut ausgebildeten Südfranzosen Ausschau halten.

Robuste Allrounder

Doch wenn die Chemie zwischen Pferd und Reiter stimmt, sind die kompakten Kleinpferde ein Top-Partner – auch für Freizeitreiter, die nicht im Traum an Rinderarbeit denken. Sie eignen sich ebensogut für Wanderritte, leichtere Dressur- und Springaufgaben sowie für den Westernreitsport. Und auch auf dem Trailparcours stechen die geschickten Schimmel oft die Konkurrenz aus. Wenn Pferd und Reiter dabei noch durch traditionelle südfranzösische Ausrüstung auffallen, sind neugierige Blicke gewiss. Camargue-Sättel erinnern ein bisschen an spanische Sättel. Das ist nicht verwunderlich, schließlich stammen beide aus der Arbeitsreiterei.

Da Camargue-Pferde ausgesprochen robust sind, bietet sich eine Haltung im Offenstall an. Auch in der südfranzösischen Heimat herrscht längst nicht immer eitel Sonnenschein. Im Gegenteil: Das Klima im Rhône-Delta ist extrem. Sengende Hitze, Kälte, Feuchtigkeit, Wind und Mückenschwärme verlangen den Pferden einiges ab. Das dortige Hauptnahrungsmittel ist übrigens energiearmes Schilfgras. Karge Kost ist also angesagt. Üppiges Hochleistungsgras darf nur in Maßen genossen werden. Ansonsten besteht akute Hufrehe- und Kolikgefahr. Bei artgerechter Haltung haben Camargue-Pferde eine hohe Lebenserwartung von über 30 Jahren.

Camargue-Pferde gelten als Spätentwickler und sind erst im Alter von acht Jahren erwachsen. Das sollte man bei ihrer Ausbildung berücksichtigen.

Connemara-Pony

Kraft, Ausdauer und Gangvermögen – mit diesen Eigenschaften überzeugen Connemara-Ponys. Ein weiteres Plus: Die freundlichen Iren sind groß genug für Erwachsene. Sie sind eifrig in der Dressur, äußerst springfreudig und in anspruchsvollem Gelände fast von schlafwandlerischer Sicherheit. Die steinige Hügellandschaft ihrer westirischen Heimat hat sie bestens darauf vorbereitet. Zur Karriere als vielseitiges Familienpony kommt die Eignung als Fahrpferd.

Trittsicherheit und Robustheit sind zwei herausragende Merkmale des Connemara-Ponys. Woher das kommt, ist schnell klar: Ein Blick in die heimatlichen Gefilde des beliebten Ponys verrät alles. Malerische Steinmauern und Hänge prägen die westirische Atlantikküste ebenso wie härteste klimatische Bedingungen. Hier überleben nur extrem anpassungsfähige Pferde, das steht außer Frage. Den durchschnittlich 1,44 Meter Stockmaß großen Connemara-Ponys gelingt das seit Jahrhunderten problemlos. Sie drehen bei eisigem Wind ihre kräftigen Kruppen der Wetterfront entgegen und fressen unbeirrt weiter. Ungemütlicher Dauerregen perlt am üppigen Haarkleid ab. Die ausgeprägten Fellwirbel leiten das Wasser in die gewünschte Richtung.

Connemara-Ponys leben am liebsten im Offenstall und trotzen Wind und Wetter. Ihr großrahmiges Exterieur weist viele Reitpferdepoints auf und ihr Gangvermögen ist beachtlich.

Die steinige Landschaft trug einiges zur Trittsicherheit der irischen Rasse bei, in der auch iberische Pferde einst Spuren hinterlassen haben sollen. Und gerade das schätzen Freizeitreiter so sehr an ihren Connemara-Ponys. Sie bahnen sich sicher einen Weg durch schwierigstes Gelände, springen schwungvoll über Hindernisse, haben hervorragende Gänge und überzeugen auch als Fahrpferde vor der Kutsche.

Starke Ponys für große Reiter

Diese Vielseitigkeit paart sich mit einer für Ponys beachtlichen Körpergröße, was das Interesse erwachsener Pony-Fans auf sich zieht. Ein Connemara-Pony eignet sich natürlich auch sehr gut als Einsteiger-Pferd für Kinder, es bleibt jedoch nicht – wie viele kleinere Rassen – irgendwann auf der Strecke, weil sein Reiter 1,70 Meter Körpermaß überschreitet. Größe und Körperbau des rechteckig gebauten Iren passen durchaus zu erwachsenen Reitern. Das Leistungsvermögen bleibt gut, egal, ob 30 oder 65 Kilogramm oben im Sattel Platz nehmen. Dazu trägt allerdings auch die angeborene Rittigkeit der Rasse bei.

Ein wichtiges Zuchtkriterium ist auch das ruhige Wesen und eine unerschütterliche Nervenstärke. Letzteres ist jedoch nicht mit Trägheit oder gar Lethargie gleichzusetzen.

Kinder, Jugendliche und Erwachsene haben gleichermaßen Freude an den lebhaften Connemaras.

Connemara-Ponys haben viel Pepp und bestechen durch schwungvolle, raumgreifende Bewegungen. Dabei setzen sie jede Menge Energie frei, was sich in ihrer Schnelligkeit, aber auch in ihren ausdrucksvollen Gesichtern spiegelt. Mit dem gut aufgesetzten Hals, der ausgeprägten Sattellage und der langen, schrägen Schulter erfüllen die robusten Turnier- und Freizeitponys weitere wichtige Reitpferde-Kriterien. Hieraus erklärt sich auch die Beliebtheit der irischen Rasse, deren guter Ruf längst weit über die Grenzen Irlands hinaus reicht. Und die Popularität nimmt ständig zu, seitdem Anfang der 60er-Jahre des 20. Jahrhunderts erstmals Connemaras auf das europäische Festland gelangten.

Erfolgreiche Zucht

In Irland selbst waren sie zu diesem Zeitpunkt bereits seit Jahrhunderten bekannt. Die Landbevölkerung schätzte ihre Connemaras als Arbeits- und Reitponys. Um 1900 zogen die Ponys plötzlich auch wissenschaftliches Interesse auf sich. Professor Ewart von der Universität Edinburgh studierte die einzige „native" Ponyrasse Irlands und stufte sie als kulturell wertvoll ein. So kam es 1923 zur Gründung der Connemara Pony Breeders' Society, die auch heute noch die Rasse betreut. Zur Verbesserung der Rasse zogen die Zuchtexperten Englische Vollblüter, Vollblutaraber und Irish Draught-Hengste heran. Auch Berber- und Welsh-Hengste wirkten – allerdings in deutlich geringerem Ausmaß – an der Veredelung mit. Seit 1963 ist das Stutbuch geschlossen.

Schimmel und Falben sind heute die häufigsten Farben, gefolgt von Braunen. Rappen, Füchse und Isabellen mit dunklen Augen kommen auch vor, aber vergleichsweise selten. Angesichts der hervorragenden Familienpony-Eigenschaften dürfte die Farbe jedoch völlig zweitrangig sein.

Connemara-Ponys sind überaus genügsam und leben am liebsten im Offenstall. Dabei sind sie leichtfuttrig, von robuster Gesundheit und haben eine hohe Lebenserwartung. Das sind ideale Voraussetzungen – auch für den anspruchsvollen Schulbetrieb. Denn Connemara-Ponys sind gute Lehrpferde, die sich sowohl für den Kinder- als auch den Erwachsenen-Unterricht eignen. Von der Anfängerstunde an bis hin zum ersten Turnier.

Da Connemaras bestechend schöne, raumgreifende Gänge zeigen, haben sie auf Dressurturnieren durchaus Chancen, gegen die größere Konkurrenz zu bestehen. Trotz der bisweilen imposanten Bewegungen sind die meisten Connemaras in allen Gangarten sehr bequem zu sitzen.

Dartmoor Pony

In England kennt man sie seit dem 11. Jahrhundert und setzte Dartmoor Ponys lange im Bergbau und als Kinderreit-Ponys ein. Heute ist die Rasse vom Aussterben bedroht, obwohl sie zum festen Programm jeder englischen Pferdeschau gehört. Dabei haben die kleinen Briten viele Eigenschaften, die sie zu ausgezeichneten Freizeit-Ponys machen: Sie sind robust, freundlich und eignen sich als unkomplizierte Kinderponys oder als Fahrpony für Erwachsene.

Harte Auslese

Torfbraun, keck und vielseitig – das sind Eigenschaften, die auf Dartmoor Ponys hinweisen. Die aus der Dartmoor-Heide in Südwestengland stammenden Ponys erreichen zwar nur eine Widerristhöhe von 1,27 Meter, dafür sind sie umso größer, wenn es um Vielseitigkeit und Härte geht. Schließlich gehört einiges dazu, lange eisige Winter im Moor zu überleben.

Heute lebt die Zuchtelite der vom Aussterben bedrohten Rasse überwiegend auf Gestüten, die nicht unbedingt in der Ursprungsregion liegen. Eines davon ist in Deutschland. Das Gestüt Oak Tree Dartmoors in der Nordeifel hält die größte Dartmoor-Herde außerhalb Großbritanniens. In der kargen, moorigen Nordeifel finden die freundlichen Ponys allerbeste Lebensbedingungen. Fohlen wachsen fast ganz ohne Eingriffe von Züchterseite auf.

Viel versprechender Dartmoor-Nachwuchs: Viele Fohlen kommen ohne menschliche Hilfe zur Welt und wachsen wie Wildpferde auf. Da Dartmoor-Ponys eine ursprüngliche, naturverbundene Rasse sind, mangelt es ihnen weder an Robustheit noch an Selbständigkeit.

Fremdes Blut

Auch im Heimatland England setzt man wieder auf eine härtere Auslese. Typvolle Dartmoor-Hengste werden manchmal ins Moor entlassen, um wild lebende Stuten zu decken. Im Moor überleben nur die Härtesten. Diese Erfahrung machten geschäftstüchtige Händler, die 30 Jahre lang auch andere Pferderassen ins Dartmoor schickten, in der Hoffnung, eine größere Farbvielfalt zu erzielen. Bunte Ponys ließen sich auf den Pferdemärkten besser verkaufen als einfarbige. Doch die Rechnung ging nicht immer auf: Viele der Kreuzungsprodukte überlebten den harten Winter im Moor nicht. Die Händler gaben das Projekt auf, doch die Dartmoor-Zucht, in der keine Schecken erwünscht sind, leidet noch heute unter den Fremdeinkreuzungen.

Die hatte es allerdings auch schon in noch früheren Zeiten gegeben. Araber, Vollblüter und Hackneys zogen die Dartmoor-Züchter der ersten Stunde heran, um die Ponyrasse zu veredeln. Gleichzeitig sollte nichts von der Härte und Zähigkeit der Ponys verloren gehen. Das gelang tatsächlich – nach einem neuen Aufschwung der Rasse und Einkreuzungen mit Shetland Ponys Anfang des 20. Jahrhunderts.

Leichtfuttrig

Die eng mit dem Exmoor Pony verwandten Dartmoors sind extrem gute Futterverwerter. Eine Zufütterung mit Kraftfutter ist bei genügend Raufutter nicht erforderlich, solange keine Höchstleistungen auf dem Trainingsplan stehen.

Im Gegensatz zu vielen anderen Rassen fressen Dartmoor Ponys Gräser jeden Alters und lassen wenig Geilstellen entstehen. Harte Halme? Eine Delikatesse. Deshalb setzt man sie inzwischen auch gerne gezielt zur Landschaftspflege und zur schonenden Biotop-Beweidung ein. Vorsicht ist bei gedüngten Weiden geboten. Allzu üppiges Gras und energiereiches Futter vertragen Dartmoor Ponys nicht, sie bekommen davon oft Hufrehe und Koliken. Ideal ist eine Haltung auf kargen Böden. Doch auch andere Lebensbedingungen lassen sich durch ein

Zwei typvolle Dartmoor-Junghengste

geschicktes Weidemanagement meistern, wie auch erfolgreiche Dartmoor-Nachzuchten in den USA und Australien beweisen.

Auch dort schätzt man die alte englische Ponyrasse, die bereits im 11. Jahrhundert nach Christus erstmals schriftlich Erwähnung findet. Schon damals schwärmten Pferdeliebhaber von den hübschen Ponyköpfen mit den intelligenten Augen. Genau damit begeistern die kräftig gebauten Ponys auch heute noch Kinder und Erwachsene. Hinzu kommen kleine Ohren und ein gut angesetzter Hals, der auch kleinen Kindern beim Reiten Halt und Sicherheit gibt. Die gut gelagerte Schulter ermöglicht verhältnismäßig viel Raumgriff. Schub kommt aus der kräftig bemuskelten Hinterhand. Das Fundament ist stabil und steht auf kleinen, harten Hufen.

All das sind beste Voraussetzungen für ein unkompliziertes Kinderreit-Pony. Die kleinen Robusten begleiten den Reiternachwuchs freundlich und geduldig von den Longenstunden an bis hin zur ersten gemeinsamen Jagd. Im Gelände laufen die sehr trittsicheren Ponys zu Hochtouren auf. Sie eignen sich auch für Dressuraufgaben bis Klasse A und beim Ponyspringen halten sie locker mit. Doch Dartmoor-Pony-Spaß ist nicht nur Kindern vorbehalten: Erwachsene spannen die hübschen Kerle gerne vor die Kutsche und freuen sich über den ehrlichen Charakter dieser Freizeitpartner.

Deutsches Reitpony

Ein Pony mit Reitpferde-Qualitäten? Nicht einfach zu züchten – und doch ist genau das mit dem Deutschen Reitpony gelungen. Die eleganten Reitponys stehen mehr als andere Ponyrassen im Reitpferdetyp. Sie brillieren im Dressur- und Springsport und gelten deshalb als ideale Einstiegspferde für eine spätere Sportkarriere. Aber auch bei Freizeitreitern sind Deutsche Reitponys beliebt. Was sicherlich nicht zuletzt an der Schönheit und Eleganz vieler Rassevertreter liegt.

Ein gepflegtes Dressurviereck oder ein schöner Springplatz sind genau das passende Umfeld für das Deutsche Reitpony. Reitponys sind hochkarätige Sportpferde im Miniformat, wobei die oft heißblütigen Ponys gar nicht so klein sind. Ihr Stockmaß bewegt sich zwischen 1,38 und 1,48 Meter. Größere Exemplare sind somit durchaus für Jugendliche und leichte Erwachsene geeignet.

Das zuweilen überschäumende Temperament des Deutschen Reitponys ist zum einen dem Einfluss von Welsh Ponys, zum anderen der Einkreuzung Arabischer Vollblüter zuzuschreiben. Anfängern bereiten die energiegeladenen Persönlichkeiten manchmal Probleme, doch fortgeschrittene, ambitionierte Reiter haben ihre helle Freude an ihnen.

Großpferdepoints

Hochkarätige Deutsche Reitponys bieten alle Voraussetzungen, die ein erfolgreiches Turnierpferd haben sollte. Die schräg gelagerte Schulter ermöglicht einen ausgezeichneten Raumgriff, auch im Schritt, der bei vielen Ponyrassen eher kurz ist. Der ausgeprägte Widerrist und die gute Sattellage erhöhen im Einklang mit einem gut bemuskelten Rücken die Rittigkeit. Den edlen Kopf trägt ein elegant geschwungener, korrekt aufgesetzter Hals. Da Deutsche Reitponys oft auch über mehr Ganaschenfreiheit als andere Ponys verfügen, lassen sie sich gut in perfekter Beizäumung präsentieren. Somit sind sie voll konkurrenzfähig – auch in anspruchsvollen Dressurklassen.

Die Power der im Sporttyp stehenden Ponys lässt sich allerdings auch hervorragend auf dem Springparcours ausleben. Deutsche Reitponys sind für ihr ausgezeichnetes Springvermögen und ihre Springfreude bekannt. Systematisch trainiert und gut motiviert, bringen sie die Konkurrenz auf Springturnieren schnell ins Schwitzen. Dies ist vor allem ein Erbe des Connemara-Ponys, das Einfluss auf die Deutsche Reitpony-Zucht nahm und am deutlichsten bei großen, weißen Reitponys durchschimmert.

Qualität hat natürlich ihren Preis, und deshalb wechseln Deutsche Reitponys mit Kaderqualitäten oft für eine beachtliche Summe den Besitzer. Kein Wunder, schließlich gelten sie als ideale Vorbereitung für den späteren Umstieg auf ein großes Sportpferd.

Urwüchsiger Einfluss

Heute sind Deutsche Reitponys in aller Welt gefragt. Bis es dahin kam, verging allerdings eine lange Zeit. Was die Tradition der Sportponyzucht angeht, hatten die Engländer den Deutschen nämlich einiges voraus. Sie züchteten schon vor über hundert Jahren den sportlichen Riding Pony-Typ.

In Deutschland zündete diese Zuchtidee erst Mitte der 70er-Jahre des 20. Jahrhunderts. Und in der ersten Stunde der Zucht nahmen sogar ganz ursprüngliche deutsche Rassen Einfluss auf die Entstehung des Reitponys: Dülmener Wildpferde, Arenberg-Nordkirchener und Lehmkuhlener Ponys leisteten tatsächlich einen Beitrag, wenn auch nur einen ganz kleinen. Was auf den ersten Blick vielleicht abwegig erscheint, hat jedoch auch in der Heimat des Riding Ponys Tradition. Dort zog man Native Ponys wie die Dartmoors und New Forest Ponys zur Zucht heran. In Frankreich prägte unter anderem das urwüchsige Landais Pony die Französische Reitpony-Zucht.

Rasante Freizeitpartner

Vielleicht gibt es deshalb auch unter den Deutschen Reitponys eher bodenständige Exemplare, die sich bestens als Freizeitpferde anbieten. Sie eignen sich hervorragend für Geländeritte und erweisen sich auch auf schwierigem Geläuf als äußerst trittsicher. Die Geschicklichkeit der Rasse schätzen übrigens auch viele Mounted Games-Reiter, die Deutsche Reitponys für spannende Reiterspiele einsetzen. Die flinken Ponys entwickeln bei dieser rasanten Sportart einen Feuereifer und sind dank angeborenem Speed und einem unerschütterlichen Kampfgeist vielen anderen Rassen überlegen.

Die Zügelung des Temperaments erfordert einen erfahrenen Reiter, was nicht heißen soll, dass Deutsche Reitponys schwierig im Umgang sind. Im Gegenteil: Gute Züchter legen auf Umgänglichkeit großen Wert, weil später vor allem Jugendliche mit den Ponys zurecht kommen sollen. Zum Zuchtziel gehört darüber hinaus ein kleiner, ausdrucksvoller Kopf mit lebhaften, freundlichen Augen. Obwohl als Erscheinungsbild ein elegantes, großes Reitpony mit gut geformter Halsung angestrebt wird, soll der Ponytyp erhalten bleiben. Und dazu gehört auch der etwas eigensinnige, ponytypische Charakter.

Viele Jugendliche starten ihre Reitsport-Karriere auf dem Rücken Deutscher Reitponys. Die eleganten Typen haben alle Voraussetzungen, die ein erfolgreiches Turnierpferd braucht.

Dülmener Wildpferd

Seit 1994 steht fest: Dülmener Wildpferde sind eine bedrohte Rasse. Maximal 250 Tiere leben in der Wildbahn im Merfelder Bruch bei Dülmen, etwa 50 Zuchttiere befinden sich in Privatbesitz. Hoffentlich gelingt es, die Rasse zu retten, denn die geschichtsträchtigen Ponys, die seit 1907 einmal pro Jahr Tausende von Zuschauern zum Wildpferdefang locken, sind ausgeglichene Reit-, Kutsch- und auch Distanzpferde.

Echte Wildpferde

Offiziell sind sie Wildpferde. Eigentlich stimmt das aber nicht. Dülmener Wildpferde leben in einem umzäunten Areal im Merfelder Bruch in Westfalen. Was sie mit echten Wildpferden gemeinsam haben, ist der Verzicht auf tierärztliche Versorgung. Und ein Hufschmied kommt natürlich auch nicht vorbei. Maximal 250 Dülmener leben auf dem Gelände des Herzogs von Croy, der einmal jährlich zum traditionellen Wildpferdefang lädt. Den gibt es seit 1907, und nach wie vor strömen Menschenmassen in den Merfelder Bruch, um dem Spektakel beizuwohnen. 30.000 Zuschauer sind keine Seltenheit. Stichtag ist der letzte Samstag im Mai. Dann werden Junghengste mit bloßer Hand eingefangen und von der Herde getrennt. Anschließend erfolgen Verkauf und Verlosung der Ponys.

Sowohl die Haltung der Dülmener Wildpferde als auch der traditionelle Wildpferdefang stoßen seit Jahren immer wieder auf die Kritik von Tierschützern. Diskussionspunkte sind die für die Herde verhältnismäßig kleine Fläche, die starke Verkotung des Geländes mit der daraus resultierenden Parasitenexplosion, Stacheldrahtumzäunung und der Stress beim Wildpferdefang. Andere halten dem entgegen, dass die Dülmener ein Stück lebender Geschichte sind. Einen kulturellen

Im Merfelder Bruch bei Dülmen leben rund 250 Wildpferde.

Wert haben die Dülmener sicherlich, denn sie gehören zu den letzten Wildbahnponys. Daverts, Klei-Pferde und Dickköppe lebten früher dort, wo sich heute längst landwirtschaftliche Nutzflächen und Gebäude breit gemacht haben.

Darüber hinaus gehören Dülmener Wildpferde zu den letzten lebenden europäischen Primitivrassen, ein weiterer Grund, sie zu schützen. Die Rasse in Freizeitreiterkreisen bekannter zu machen, könnte ein wichtiger Beitrag zur Arterhaltung sein.

Falbe Freizeitpartner

Genau das hat sich eine Interessengemeinschaft auf die Flaggen geschrieben, die seit 1988 besteht und viel Aufklärungsarbeit rund um das Dülmener Wildpferd leistet. Dazu gehören auch Haltungs- und Ausbildungs-Tipps, denn die zwischen 1,25 und 1,40 Meter Stockmaß großen Ponys geben auch gute Freizeitpartner ab. Sie sind freundlich und nervenstark. Der muskulöse Rücken trägt problemlos Kinder, Jugendliche und Erwachsene.
An Vielseitigkeit mangelt es den Dülmenern sicherlich nicht. Ob Westernreiten, Wanderritte, Springen oder Fahrsport – die hübschen Mausfalben sind immer begeistert bei der Sache. Auch Gelb- und Braunfalben sind oft zu sehen, häufig mit einer sogenannten Wildzeichnung an den Beinen, die an Zebrastreifen erinnert. Dunkelbraune Dülmener gelten hingegen als eher selten.

Es gibt ehemalige Wildbahnhengste, die in schweren Dressurlektionen ausgebildet wurden. Doch das ist nicht die Regel und erfordert sehr viel reiterliches Können. Deshalb sind Dülmener sicherlich nicht die richtigen Ponys für Reiter, die von großen Ehren in der Turnierszene träumen. Aber sie sind genau richtig für jeden, der einen robusten, trittsicheren und sympathischen Freizeitpartner sucht.

Als Haltungsform bietet sich der Offenstall an. Dülmener lassen sich als Wildbahnpferde natürlich problemlos das ganze Jahr über draußen halten. Ein Dach über dem Kopf, einen zugfreien Unterstand, gutes Raufutter, Pferdegesellschaft und ausreichend Auslauf brauchen die Ponys aber auf jeden Fall.

Dülmener Wildpferde gehören zu den letzten Wildpferden Europas.

Sanfte Gewöhnung

Die Haltungsansprüche sind eine Sache, die Ausbildung ist eine andere. Wer ein Dülmener Wildpferd beim Wildpferdefang kauft, muss wissen, dass es sich hierbei um ein komplett rohes Pferd handelt, dass bislang keinerlei engen Kontakt zu Menschen hatte. Das Halfter anlegen, Anbinden, Hufe auskratzen, Fellpflege und andere Berührungen – all das ist fremd für dieses halbwilde Pferd. Mit Zeit, Geduld, Einfühlungsvermögen und Know-how bekommt man das hin, ebenso wie die Gewöhnung an Sattel und Trense und das Anreiten. In unerfahrenen Händen hat solch ein Pferd jedoch nichts zu suchen.

Dann ist es sinnvoller, ein von einem Privatzüchter stammendes Pony zu erwerben, das dann übrigens kein Dülmener Wildpferd, sondern ein Dülmener ist. Allerdings gibt es nicht viele Züchter, die sich der vom Aussterben bedrohten Rasse verschrieben haben. Ob aus der Wildbahn oder aus privater Hand: Die Ponys haben denselben Standard, der beispielsweise keine weißen Abzeichen wünscht. Rassetypisch sind ein mäßig ausgebildeter Widerrist, eine schräge Schulter und eine leicht abschüssige Kruppe, eine breite Brust, ein genügend langer Hals mit leichter Wölbung und kleine, harte Hufe.

Haflinger

Kaum eine andere Ponyrasse durchlief eine vergleichbare Laufbahn. Erst schrieben Haflinger als treue Helfer der Bergbauernschaft Geschichte, dann mauserten sie sich zum begehrten Reit- und Fahrpferd. Lang ist die Liste ihrer Fans: Dressur-, Spring- und Westernreiter gehören ebenso dazu wie Fahrsportler und das österreichische Militär. Und jetzt öffnet sich auch noch eine neue interessante Seite im Haflinger-Geschichtsbuch: die des Edelbluthaflingers.

Tatsächlich hat sich eine Menge getan, seitdem die ersten Haflinger im Tiroler Gebirge Last- und Zugarbeiten verrichteten. Erst vollzog sich der Wandel vom Arbeits- zum Freizeitpferd, jetzt der vom Haflinger zum Edelbluthaflinger. Doch langsam. Zurück zu den Anfängen, die im Jahr 1874 liegen. Damals erblickte der Hengst „249 Folie" das Licht der Welt. Als Spross einer Gebirgspferdstute und eines Vollblutaraberhengstes legte das Muskelpaket mit Araberadel wohl den Grundstein für eine Rasse, die mit einem aktuellen Stand von schätzungsweise 250.000 Tieren die Welt erobern sollte. Alle sieben Blutliniebegründer der heutigen Haflingerzucht gehen auf Folie zurück.

Doch vor ihrem weltweiten Siegeszug eroberten die stämmigen Blondschöpfe erst einmal den Tiroler Alpenraum. 1920 entstand das erste Haflinger-Zuchtbuch, gefolgt von der Gründung der ersten Nordtiroler Haflinger Pferdezuchtgenossenschaft (1921), dem Beginn der organisierten Haflingerzucht.

Von edlem Geblüt

Ursprünglich handelte es sich nur um eine Rasse, doch jetzt sind es zwei – zumindest in Deutschland: Haflinger und Edelbluthaflinger. Zwei Rassen, zwei Zuchtbücher – eine neue Ära beginnt. Diese Unterteilung ist das Ergebnis der weiteren Zuchtzielfestlegung der zuständigen Zuchtverbände und der Deutschen Reiterlichen Vereinigung (FN), die im März 2006 erfolgte.

Haflinger oder Edelbluthaflinger? Darüber entscheidet der Anteil an Araberblut. Haflinger, die mindestens fünf Generationen vorweisen können und nicht mehr als 1,56 Prozent Araberanteil haben, werden ins Haflinger-Zuchtbuch eingetragen. Wer stärker unter Arabereinfluss steht, gehört ins Edelbluthaflinger-Zuchtbuch. Die Schließung des Zuchtbuches für Haflinger-Hengste erfolgte am 1. Januar 2008. Für Stuten ist der 1. Januar 2013 der Stichtag.

Neue Aufgaben, neue Freunde

Bis zum Zweiten Weltkrieg hatten die leichten Hochgebirgs-Arbeitspferde viel zu tun, doch nach dem Krieg schränkte sich ihr Einsatzgebiet immer weiter ein. Da die Rasse viele Liebhaber hatte, suchte man nach einem neuen Aufgabenfeld, was in den nächsten Jahrzehnten die Umzüchtung zum Freizeitpferd nach sich zog.

Ein Erfolgskonzept, wie sich schon bald herausstellte. Die harmonisch gebauten Füchse eroberten nun als Reit- und Fahrpferde die Herzen der Pferdefreunde. Sie überzeugten durch ihren hervorragenden Charakter und ihr ausgeglichenes Temperament. Die trockenen, ausdrucksvollen Köpfe mit den großen Augen verzückten die Ponyfreunde. Auch die herrliche Fuchsfarbe mit dem hellen Langhaar begeisterte die Fans.

Sie sind kräftig und haben einen enormen Schub. Somit bringen Haflinger beste Voraussetzungen für Raumgriff und Schwung mit sich. Dabei haben sie ein gut kontrollierbares Temperament.

Die Farbpalette reicht vom hellen Lichtfuchs bis hin zum kontrastreichen Dunkelfuchs.

Ein durchschnittliches Stockmaß von 1,40 bis 1,50 Meter machte die Tiroler Schönheiten gleichermaßen für Kinder, Jugendliche und Erwachsene interessant, zumal auch die Reitpferdequalitäten immer mehr überzeugten. Angefangen vom langen, leichten Hals über den markanten Widerrist bis hin zur großen, schräg gelagerten Schulter, nicht zu vergessen der gut bemuskelte, elastische Rücken. Die lange leicht geneigte Kruppe – ebenfalls gut bemuskelt – sorgt für den erforderlichen Schub von hinten. Das Ergebnis sind taktreine, elastische Gänge mit Raumgriff und Schwung.

Schwindelfrei

Was Haflinger auch anpacken, sie machen es gut. Das gilt auch für ihre spektakulären Kletterkünste. 2005 betrat erstmals ein Pferd den 3.094 Meter hohen Gipfel des Alpen-Dreitausenders „Sandkopf". Und? Ja, es war ein Haflinger. Und zwar der des Tiroler Trailführers Anton Sauper. Von dieser – offensichtlich schwindelfreien –Trittsicherheit profitiert übrigens auch das österreichische Heer, das Haflinger nach wie vor als Tragtiere einsetzt.

Die sympathischen Blondschöpfe sind eben unglaublich vielseitig und belastbar. Dafür sorgt nicht zuletzt eine harte züchterische Auslese, wie man sie beispielsweise im Zentrum des Pferdezuchtverbands Tirol, dem Fohlenhof Ebbs, betreibt. Jährlich wachsen 20 bis 25 Junghengste auf der „Hengstalm" auf. Dort herrschen schwierige Bodenverhältnisse, die die Trittsicherheit und die Bemuskelung fördern. Die Höhenluft stärkt die Atemwege.

Nordtirol ist nach wie vor eine Hochburg der Haflingerzucht. Aktive Zuchthengste gehören dem Haflingerzuchtverband, wogegen in Südtirol und Bayern private Züchter die Szene dominieren. Auf einer Fohlenauktion des Zuchtzentrums wechselte ein Haflinger für die unglaubliche Summe von über 50.000 Euro den Besitzer. Doch das ist eher ein Ausnahmepreis.

Highland Pony

Angeblich sehen sie besser als andere Pferde und tragen eine gut versteckte Töltveranlagung in sich. Highland Ponys überraschen eben immer wieder – wie auch mit ihrem Gewicht: Die kompakten Native Ponys bringen bis zu 600 Kilogramm auf die Waage. Das spricht für Kaliber und eine Rasse, die es auch problemlos mit schweren Erwachsenen aufnimmt. In Schottland gelten die menschenbezogenen Ponys als ein Stück Kulturgeschichte.

Spätestens seit dem Film „Highlander" ist der Name bekannt, den auch die sehr alte schottische Ponyrasse trägt. In ihrer Heimat, dem schottischen Hochland, nennt man die robusten Vierbeiner auch „Garrons". Das ist gälisch und bedeutet „Wallach". Dabei gibt es natürlich auch Stuten und Hengste – logisch, denn ansonsten wäre die Rasse wohl längst ausgestorben. Vielleicht liegt diese irreführende Namensgebung einfach daran, dass vor vielen Jahrhunderten bei den Schlachten der Clansmen gegen England überwiegend Wallache in den Krieg zogen. Belegt ist das nicht, aber wahrscheinlich, denn auch die spätere Kavallerie setzte nachweislich Wallache ein.

Starke Nordlichter

Der Ursprung der Highland Ponys scheint mit nordischen Pferderassen und Keltenponys in Verbindung zu stehen. Womöglich nahmen auch iberische Pferde Einfluss, deren Gene sich vielseitiger in dem tendenziell barocken Typ der schottischen Ponys verwirklichten. Über die Jahrhunderte hinweg entstand auf jeden Fall eine robuste, genügsame und arbeitswillige Rasse, deren Stockmaß zwischen 1,32 und 1,48 Meter liegt. Highland Ponys sind schwere Brocken. Größere Stuten bringen bis zu 450 Kilogramm auf die Waage, Hengste sogar 600 Kilogramm. Zum Vergleich: Das Durchschnittsgewicht eines Islandpferdes liegt bei 350 Kilogramm.

Es gibt auch elegante Typen bei den stabilen Highlandern.

Da Gewicht und Größe ein beachtliches Kaliber ergeben, tragen Highland Ponys problemlos auch schwere Erwachsene. Was nicht heißt, dass sie sich nicht als Kinder- und Jugendreitponys eignen. Im Gegenteil: Ihre Nervenstärke, Gelassenheit und Menschenbezogenheit machen die liebenswerten

Schotten mit dem üppigen Langhaar zu idealen Einsteiger-Pferden. Auch in der Hippotherapie sind sie verlässliche Partner.

Die Vielseitigkeit der Rasse ist nicht neu, sondern vielmehr ein typisches Merkmal, das schon die alten schottischen Clans schätzten. Bauern, Bürger, Adel und Kavallerie reihten sich später in die Liste der Highland-Liebhaber ein. Heute sind es Freizeitreiter, die sich im Gelände, auf dem Springplatz, im Dressurviereck und im Westernreitsport auf Highland Ponys wohlfühlen. Deutschland hält mit rund 350 Highland Ponys eine der größten Populationen der Rasse, mehr gibt es nur noch in Großbritannien und Frankreich. Weltweit soll es schätzungsweise 4.000 Highland Ponys geben. Gut die Hälfte davon sind Wallache – Garrons eben.

Die ersten Importe auf das europäische Festland erfolgten erst in den 80er-Jahren des letzten Jahrhunderts. Seitdem fand die robuste Ponyrasse immer mehr Liebhaber unter den Freizeitreitern, gehört aber nach wie vor zu den eher seltenen Rassen auf den Weiden. Dort fühlen sich Highland Ponys auch richtig wohl, denn das Klima hier bekommt ihnen bestens. Ganzjährige Offenstallhaltung ist ideal. Die Weiden sollten nicht zu üppig sein, da die kräftigen Schotten mit dem kurzen, nach oben gewölbten Hals gute Futterverwerter sind. Qualitativ gutes Raufutter darf den Hauptteil der Ernährung ausmachen.

Mythos oder Wahrheit?

In diesem Punkt unterscheiden sich die Highlander nicht von vielen anderen Ponyrassen, aber sie haben tatsächlich einige Eigenarten. Da wäre der oft extrem lang ausgebildete Schopf, der beim Fressen die in Schottland verbreiteten, lästigen Mückenschwärme vom Gesicht fernhält. Dann das angeblich überdurchschnittlich ausgebildete binokulare Sehvermögen, das die Ponys befähigt, ihre Umgebung vermehrt mit beiden Augen gleichzeitig wahrzunehmen. Damit nicht genug: Vielleicht schlummert in den Genen moderner Highland Ponys auch noch die Veranlagung für eine zusätzliche Gangart. Früher soll es nämlich auch töltende Ponys in Schottland gegeben haben.

Momentan ist Tölt jedoch kein Thema in der Zucht, dafür aber die weichen, bequem zu sitzenden Gänge vieler Highlands. Das ist eine der zahlreichen positiven Eigenschaften, auf die auch die schottische Highland Pony Society, die seit 1890 das Stutbuch führt, Wert legt. Hinzu kommen Menschenbezogenheit, Gelassenheit, Härte, Trittsicherheit (vor allem auch in bergigem Gelände), Arbeitseifer und Mut.

Was die Farben angeht, ist fast alles erlaubt außer Schecken. Besonders verbreitet sind Gelb-, Maus- und Dunkelfalben, die an die Erdtöne der schottischen Heimat erinnern und oft mit Aalstrichen und Zebrazeichnung an den Beinen einhergehen. Aber auch Schimmel sind verbreitet. Rappen, Braune oder gar Füchse sind dagegen eher selten zu finden.

Unter den Highland Ponys gibt es sehr viele Schimmel, aber noch mehr Falben.

Islandpferd

Wer einen Gaedingur hat, darf stolz sein. Denn Gaedingur bezeichnet das perfekte Islandpferd. Ein Traumpferd. Wirbelnde Hufe, eine fliegende Mähne, glitzernde Augen und ein stolz erhobener Kopf – das gibt es nicht nur im Traum, sondern auch in Wirklichkeit. Und das ist der Grund, weshalb Islandpferde zu den beliebtesten Freizeitpferderassen überhaupt gehören. Sie sind äußerst liebenswerte und robuste Partner.

In ihren Augen spiegelt sich der Stolz einer sehr alten Pferderasse, ja man könnte es auch als Würde bezeichnen. Doch das ist nur ein Teil der Faszination des Islandpferdes. Früher war es vor allem die Fähigkeit, lange Strecken in schwierigstem Gelände zu überwinden. Heute streben Züchter nach taktklaren Gängen, ausdrucksstarken, talentierten und leicht trainierbaren Pferden.

Doch zurück zum Anfang. Islandpferde begleiten Menschen mindestens schon seit dem 9. Jahrhundert. In über tausend Jahren scheinen sie sich körperlich kaum verändert zu haben. Dafür sprechen Grabfunde.

Islandpferde gibt es in allen erdenklichen Farben. Auch Schecken sind weit verbreitet.

Wertvolle Wegbegleiter

Die durchschnittlich 1,38 Meter Stockmaß großen Isis genießen in ihrer Heimat höchste Anerkennung. Manche sagen, dass der isländische Staat tatsächlich auf ihren Hufen entstand. Sie haben vermutlich recht, denn die eifrigen Ponys mit den üppigen Wuschelmähnen halfen überall dort mit, wo es galt. Sie transportierten die Heuernte von einem Ort zum anderen, zogen alle erdenklichen Waren, marschierten in langen Postkarawanen, halfen beim Schafe-Treiben und schleppten sogar die Särge Verstorbener zur Beerdigung. Aber vor allem dienten sie der überwiegend bäuerlichen Inselbevölkerung als Verkehrsmittel. Islandpferde, die sich auf langen Strecken als besonders schnell und ausdauernd erwiesen, hatten und haben einen hohen Wert. Angeblich gab es auch welche, die sich beim Heimtransport der angetrunkenen Landbevölkerung als besonders dienlich erwiesen. Was auch immer es war – Islandpferde erleichterten Menschen seit jeher das Überleben auf einer lebensfeindlichen Insel.

Das fiel den Reisenden vom europäischen Festland zuerst gar nicht auf. Als sie im 19. Jahrhundert nach Island kamen und die auf Wikingerimporte zurückgehenden, einheimischen Pferde entdeckten, beschrieben sie diese als klein, kurz und dick. Außerdem

***Nicht ohne meine Freunde!* Islandpferde lieben ihre Freiheit und sind am liebsten gemeinsam mit Artgenossen auf der Weide. Die robusten Ponys eignen sich optimal für eine Haltung im Offenstall.**

seien sie gefräßig. Nicht gerade charmant. Doch auch die Zähigkeit und der isländertypische, stoische Ausdruck fielen ihnen auf. Immerhin.

Seitdem hat sich vieles geändert. Islandpferde haben längst weltweit die Herzen von Gangpferdefreunden erobert. Sie gehören zu den beliebtesten Freizeitpferderassen überhaupt. Man schätzt ihre Robustheit, ihr selbstbewusstes und liebenswertes Wesen und natürlich ihre speziellen Gangarten: den Tölt und den Pass.

Gangspezialisten

Während es bei der Viertaktgangart Tölt keine Schwebephase gibt, weil immer abwechselnd ein oder zwei Hufe auf dem Boden sind, bewegt sich beim Pass jeweils das rechte und linke Beinpaar gleichzeitig. Im Rennpass, der bei Islandpferdereitern einen hohen Status genießt und in Island als Königsdisziplin gilt, erreichen manche Ponys enorme Geschwindigkeiten. So legte Magnus Lindquist im Jahr 2004 mit seinem Hengst Thor eine Strecke von 250 Metern in nur 19,86 Sekunden zurück. Gute Rennpasser sind recht selten und genießen in der Szene einen legendären Ruf. Im Tölt geht es oft etwas gemächlicher zu.

Aber auch in dieser Gangart variiert die Geschwindigkeit vom Arbeitstempo bis hin zum Highspeed, bei dem andere Rassen teilweise sogar nebenhergaloppieren müssen. Taktreinheit und Losgelassenheit ist beim Tölt wichtig, denn beides zusammen sorgt für die unvergleichliche Bequemlichkeit im Sattel eines töltenden Pferdes.

Wenn es auf dem Rücken eines Islandpferdes überraschenderweise mal ungemütlich werden sollte, könnte das übrigens am Schweinepass liegen. Der entsteht, wenn das Pferd in einem langsamen Pass läuft. Diese Gangart ist unerwünscht und sollte unbedingt vermieden werden.

Wirbelnde Hufe gehören zum Image des Islandpferdes, wie auch sein stolz erhobener Kopf. Typisch sind auch die üppigen Behänge und das extrem lange, dichte Winterfell. In den kalten Monaten wirkt der kräftige Körper der 1,30 bis 1,45 Meter Stockmaß großen Pferde noch stabiler. Auf ihm finden nicht nur Kinder und Jugendliche, sondern auch Erwachsene aller Gewichtsklassen problemlos Platz. Dabei wirken Islandpferde ganz und gar nicht plump, sondern verhältnismäßig elegant.

Islandpferde gibt es in allen erdenklichen Farben. Sie leben am liebsten im Offenstall und vorzugsweise in Gesellschaft anderer Islandpferde..

Lewitzer

Wenn Kinder von Pferden träumen, dann träumen sie von pfiffigen Ponys. Kleine Schecken stehen dabei ganz hoch im Kurs. Und genau aus diesem Grund entstand in Mecklenburg-Vorpommern kurz nach dem Zweiten Weltkrieg die Rasse Lewitzer. Seitdem gab es viel Auf und Ab, aber inzwischen sind die vielseitigen Schecken offiziell anerkannt. Und seitdem finden sie in Freizeitreiterkreisen immer mehr begeisterte Anhänger.

Wenn es eine Rasse gibt, die ein Wirklichkeit gewordener Kindertraum ist, dann sind es die Lewitzer. Die kunterbunten Schecken aus der ehemaligen DDR entstanden aus der Idee, den Enkelkindern der Betreiber des staatlichen Tierzuchtgutes „Lewitz“ Neustadt-Glewe etwas Gutes zu tun. Dort hatte man zuvor Mecklenburger Warmblutpferde im Fokus, die vor allem im Fahrsport eingesetzt wurden. Vom Wunsch nach einem kleinen, anspruchslosen Kinderpony angetrieben, erfolgte der Zukauf gescheckter Ponys aus der Gegend um Teterow. Es kam auch zur Stationierung des ersten bunten Deckhengstes „Salto B 385“. Diese Pferde legten den Grundstein für die Lewitzer-Zucht, die ihren Namen der Landschaft rund um Neustadt-Glewe verdankt.

Die Zuchtanfänge verliefen vielversprechend, bis 1971 eine Hiobsbotschaft aus Berlin kam: Zukünftig sollten keine Kleinpferderassen außer Haflingern mehr zur Körung zugelassen werden. Die Lewitzer-Züchter kämpften um den Fortbestand ihrer leistungsstarken Schecken. Mit Erfolg. 1976 durften auch Lewitzer wieder zur Körung antreten. Es mangelte nicht an Interesse: Die Lewitzer-Tage avancierten zu einer Publikums-Attraktion. Die bunten Ponys eroberten die Herzen von Kindern und Fahrsportlern. Bis zur Wiedervereinigung, die zu einem derben Rückschlag innerhalb der Lewitzer-Zucht führte. Die einst staatlich betriebene Zuchtstätte ging in Privatbesitz über. Die Zuchtpferde verstreute man in alle Winde. Doch einige alte Züchter sicherten sich wertvolles Zuchtmaterial und konnten auch neue Züchter gewinnen, die sich engagiert für den Erhalt der Rasse einsetzten.

Und schon sah man sich vor der nächsten Herausforderung: Die Deutsche Reiterliche Vereinigung (FN) stufte die Anerkennung des Lewitzers als schwierig ein und schlug vor, sie in der Deutschen Reitpony-Zucht zu integrieren. Das wollten die Lewitzer-Züchter auf gar keinen Fall und kämpften wieder, dieses Mal für die offizielle Anerkennung der Rasse. Sie hatten wieder Erfolg, Lewitzer sind heute als Rasse anerkannt. Die Population gilt als gefestigt. 2005 erfolgte die Schließung des Zuchtbuchs.

Leistungsstarke Allrounder

Obwohl Lewitzer längst nicht so bekannt sind wie andere Ponyrassen, wächst ihr Liebhaberkreis beständig. Die zwischen 1,30 und 1,48 Meter Stockmaß großen Schecken haben schließlich mehr zu bieten als ihr buntes Fell. Sie sind außerordentlich leistungsbereit und brauchen wenig Futter. Nach körperlicher Belastung regenerieren sich die charmanten Ponys erstaunlich schnell, was eigentlich auch eine gute Voraussetzung für den Distanzsport sein dürfte.

Ihr freundliches Wesen und das ausgeglichene Temperament kommen den Ansprüchen von Kindern, Jugendlichen und erwachsenen Reitsport-Einsteigern entgegen. Aber auch vor der Kutsche fühlen sich Lewitzer wohl, sie sind als Gespann durchaus im Turniersport denkbar. Es gab bereits Lewitzer-Viererzüge, die im Profisport für Begeisterung sorgten.

Die vielseitigen Schecken machen sich in jeder Disziplin gut. Ihre kleinen, ausdrucksvollen Köpfe begeistern Ponyliebhaber. Der mittellange, leicht geschwungene Hals bringt wertvolle Reitpferdepoints. Das gilt auch für den langen, weit in den Rücken reichenden Widerrist, der eine gute Sattellage mit sich bringt. Hinzu gesellen sich eine lange, mäßig geneigte Kruppe und ein stabiles Fundament mit guten Gelenken.

Kein Wunder, dass die robusten Ponys in Leistungsprüfungen mit Bravour überzeugen. Bei der klassischen Prüfung legten sie 300 Meter im Schritt vor der Schleppe zurück, 1000 Meter im Trab unter dem Reiter sowie 500 Meter im Schritt und Galopp – ebenfalls mit Reiter. Nur Springen stand nicht auf dem Programm, obwohl Lewitzer durchaus Talent am Sprung zeigen. Die meisten leistungsstarken Allrounder sind übrigens Tobiano-Schecken, also Pferde mit regelmäßig konturierter Plattenscheckung.

Das Mutterstutbuch der Lewitzer wird vom Pferdezuchtverband Mecklenburg-Vorpommern geführt, der seit 1994 die Zucht erneut aktiv unterstützt. Mehrere Landesverbände führen den Lewitzer als Kleinpferderasse. Der Deutsche Pinto-Zuchtverband führt sie als Pinto Lewitzer.

Bunte Zukunft

Mit dieser soliden züchterischen Basis und zahlreichen Ausbildungsmöglichkeiten werden Lewitzer vermutlich immer populärer werden. Das ist eine Bereicherung der Pony-Szene, denn unkomplizierte Pferde mit vielseitigen Talenten sind gefragt, vor allem dann, wenn ihr Stockmaß auch für erwachsene Reiter interessant ist.

Die Scheckung ist nicht immer großflächig. Hier ist nur ein kleiner weißer Fleck am Schweifansatz zu sehen.

Miniature Horse

In den USA sind sie beliebt, in Europa im Kommen. In Deutschland und Holland gibt es bereits Züchter, die sich auf American Miniature Horses spezialisiert haben. Und dazu gehört viel Know-how. Die Zucht der Miniaturpferde, die von der Proportion her wie ein elegantes Großpferd aussehen, ist höchst anspruchsvoll. Zum Reiten taugen die zierlichen Ponys nicht wirklich – höchstens für Kleinkinder. Dafür sind sie im Fahrsport und Schaubereich aktiv.

Auf Fotos sehen Miniature Horses aus wie elegante Reitpferde. In Natura überraschen sie mit einer maximalen Widerristhöhe von 86 Zentimetern, viele sind kleiner. Dabei zeigen sie abgesehen von ihrer Größe kaum noch Ponymerkmale. Ihr Körper sieht aus wie der einer fein gemeißelten Pferdestatue. Auf Schauen stellen sich die Minis ebenso perfekt auf wie Vollblutaraber vor den Augen kritischer Zuchtrichter. Die Hinterbeine zurück, den Hals vorgereckt und temperamentvoll aus den dunklen Augen blicken? Eine leichte Übung.

Kutschenrennen

Im Hauptzuchtgebiet der Rasse, den USA, erliegen viele dem Charme der hochgezüchteten Schaustars. Dort finden Miniature Horses von Jahr zu Jahr mehr Liebhaber. Die American Miniature Horse Association zählt fast 15.000 Mitglieder. Von dort hat das Mini-Fieber auf über 30 andere Länder übergegriffen, wo es ebenfalls aktive Züchter gibt. Die präsentieren ihre Lieblinge auch gerne vor Kutschen. Vor Mini-Modellen, versteht sich.

Ein elegantes Großpferd im Miniatur-Format – so lautet das Zuchtziel des amerikanischen Miniature Horses.

Höchstens ein Erwachsener findet Platz auf dem Bock. Kaum zu glauben, welche Geschwindigkeit die zierlichen Pferdchen vor der Kutsche entwickeln. In den USA gibt es sogar rasante Mini-Kutschenrennen. Die Besten messen sich regelmäßig in Meisterschaften.

Mit Shettys verwandt

Es ist kaum zu glauben, dass Miniature Horses mit Shetland Ponys verwandt sind. Und doch stammen die eleganten Grazien vermutlich von den stämmigen Shettys aus England ab. Gut, auch Mini-Shettys überragen keinen großen Hund, aber sie sind viel kräftiger gebaut und haben alle Merkmale, die ein Pony kennzeichnen. Angeblich haben Hackneys und Falabellas ebenfalls an der Entstehung der Rasse mitgewirkt.

Miniature Horses gibt es in allen Farbschlägen. Ihr Körperbau ist ausgespochen harmonisch, der Kopf in guter Proportion zu Halslänge und Körper. Was vielleicht noch entfernt an ein Pony erinnert, ist die breite Stirn. Dafür ist der Hals alles andere als ponytypisch. Er ist lang und wird stolz und erhaben getragen.

Therapiepferde

Da Miniature Horses sehr klein sind und somit für Menschen praktisch kein Verletzungsrisiko darstellen, hat man sie auch als Therapieponys entdeckt. Hinzu kommt ihr freundliches Wesen, das sich sehr positiv auf psychisch Kranke auswirkt. Auch Menschen mit körperlichem Handicap arbeiten gerne mit den anpassungsfähigen Minis.

Für die Kleinen ist es gut, eine Aufgabe zu haben, denn ihre Ansprüche sind ebenso vielfältig wie die anderer Ponyrassen. Regelmäßige Bewegung, eine artgerechte Haltung mit Sozialkontakten und eine ausgewogene Fütterung mit angemessenem Weidegang sind wichtig. Zu viel Gras ist allerdings schädlich. Aufgrund ihres geringen Körpergewichts neigen Miniature Horses zu Hufrehe, wie viele andere kleine Ponyrassen auch. Außerdem legen sie sich schnell überflüssige Pfunde zu.

Königspferdchen

Europäische Königskinder hatten im 19. Jahrhundert auch vierbeinige Spielgefährten. Kleine Ponys sorgten an den Höfen der Aristokratie für Kurzweil. Da nur besonders schöne, ausgewählte Ponys in Frage kamen, sind sie vielleicht die Vorfahren der edlen American Miniature Horses. Vom Exterieur her wäre das naheliegender als die Theorie, englische Grubenponys hätten die Grundlage der Zucht gebildet. Dabei handelte es sich nämlich um ausgesprochen stämmige Shetland Ponys. Derselbe Typ schuftete zwar auch in amerikanischen Bergminen, aber es gibt keine sicheren Belege für ihren Einfluss auf die Zucht.

Kinder und Miniature Horses sind ein tolles Team. Hier stellt ein Mädchen sein Pony in der Halter-Klasse vor.

Extreme meiden

Miniature Horses sind sicherlich ein interessantes Hobby, wenn man Extreme meidet. Aber das gilt auch für viele andere Pferderassen. Bei den kleinen Amerikanern sollte eine gewisse Mindestgröße nicht unterschritten werden. Denn umso kleiner und zierlicher sie sind, desto eher machen sich sogenannte Verzwergungsmerkmale bemerkbar. Die reichen von Gebissfehlstellungen über Knochenprobleme bis hin zu Unfruchtbarkeit und Kurzlebigkeit. Verantwortungsbewusste Züchter sind deshalb stets bemüht, gesunde Miniature Horses zu züchten.

New Forest Pony

Wenn es um ursprüngliche englische Ponyrassen geht, nehmen New Forest Ponys eine besondere Stellung ein. Denn sie leben nicht nur seit rund tausend Jahren mehr oder weniger wild im südlichen Teil Englands, sie haben sich bis heute auch ihre Eigenständigkeit bewahrt. Gleichzeitig bezaubern sie durch Menschenfreundlichkeit, Ausgeglichenheit und Leistungswillen. Doch trotz aller Vorteile gehören sie inzwischen zu den seltenen Ponyrassen.

Zutrauliche Wildfänge

Wer nach Südengland reist, wundert sich vielleicht über frei lebende Ponyherden, die erstaunlich nah an Dörfern grasen und manchmal gemächlich über die schwach befahrenen Straßen bummeln.

Das ist typisch für New Forest Ponys, die wilde Ursprünglichkeit mit einem zutraulichen, menschenfreundlichen Wesen verbinden. Sie haben gelernt, sich zwischen kargen Böden und sanfter Hügellandschaft zurechtzufinden. Farn- und Weideflächen wechseln sich in ihrer Heimat mit Mooren und Waldgebieten ab. Das knappe Nahrungsangebot reicht den genügsamen Ponys, die erstmals vor rund tausend Jahren schriftlich erwähnt wurden.

Damals erklärte König William Rufus ein großes Waldgebiet zum neuen Jagdgebiet – den New Forest. Dort lebten damals schon Ponys, doch ihr Lebensraum reduzierte sich im Laufe der Jahrhunderte auf kleinere Gebiete wie das Exmoor (die Heimat des Exmoor Ponys), das Dartmoor (die Heimat des Dartmoor Ponys) und Teile des New Forests.

Im Laufe der Zeit soll es Einkreuzungen mit Englischen Vollblütern und Vollblutarabern gegeben haben, von gezielten Zuchtversuchen ist jedoch erst seit Ende des 19. Jahrhunderts zu sprechen. 1891 erfolgte die Gründung einer Gesellschaft, die sich für die Verbesserung des New Forest Ponys einsetzte. 1906 begann die Burley & District New Forest Pony Breeding & Cattle Society mit den ersten Registrierungen. 1910 entstand das erste Stutbuch. Zwischen 1914 und 1959 erfolgten zahlreiche Eintragungen in das Stutbuch der National Pony Society, die sich 1938 mit der Burley & District New Forest Pony Breeding & Cattle Society zusammenschloss, die seit 1960 wiederum ein eigenes Stutbuch führt. Im Gegensatz zu den ersten Jahren der gezielten Zucht gab es seit Mitte der 30er-Jahre keinen Fremdblut-Einfluss mehr.

Ruhige Partner

Und so konnten sich die Qualitäten des echten New Forest Ponys voll entfalten. Die bestehen vor allem in vielseitigen Begabungen, angefangen bei einer angeborenen Aufgeschlossenheit und Freundlichkeit gegenüber Menschen, die das Einreiten und alle weiteren Ausbildungsschritte in der Regel recht angenehm gestaltet. New Forest Ponys gelten als außerordentlich gutmütig und ausgeglichen, was man bereits im Bereich der Hippotherapie nutzt.

Dennoch sind die maximal 1,48 Meter Stockmaß großen Briten keine Langweiler. Sie verstehen es durchaus, Temperament zu entwickeln, dem sie auf Gelände- oder auch

Die maximal 1,48 Meter großen Ponys sind ausgeglichen und gutmütig.

Distanzritten sowie auf Jagden – gut kontrollierbar – gerne freien Lauf lassen. Dennoch bewahren sie ihre innere Ruhe, wenn es gilt, Ausdauer zu beweisen.
Ihre Leistungsbereitschaft paart sich mit Trittsicherheit und einem sehr guten Springvermögen. Aber auch in der Dressur punkten die schicken Kinder und Erwachsenen-Ponys. Da der Rassestandard keine Mindestgröße kennt, gibt es auch einige kleinere New Forests, wobei der Trend ganz klar zu größeren Ponys geht. Das war übrigens nicht immer so: Auf Zuchtschauen, die um 1900 viele Pony-Liebhaber anlockten, gab es Rennen mit 1,14 Meter großen New Forests, in deren Sätteln Erwachsene saßen.

Obwohl die nervenstarken Ponys tatsächlich ganz schön kräftig sind, sollten Jugendliche und Erwachsene vielleicht doch lieber dem aktuellen Modetrend folgen und sich einen schönen Reitponytyp mit ordentlicher Substanz suchen. Genau das streben New Forest-Züchter an: einen für alle Disziplinen des Reitsports geeigneten Ponytyp mit einer schrägen Schulter, weil die mehr Raumgriff ermöglicht. Außerdem eine kräftige Kruppe für viel Schub aus der Hinterhand, starke Knochen und harte, runde Hufe, die meistens keine Hufeisen brauchen.

Farblich ist fast alles erlaubt. Fast, denn Schecken sind ebenso unerwünscht wie Ponys mit blauen Augen. Helle Füchse kommen vor, werden von Züchtern jedoch nur als Wallache oder als Stutfohlen akzeptiert – nie als Deckhengst. Weiße Abzeichen sind unter bestimmten Voraussetzungen erlaubt. Es gibt auch Dartmoor Ponys, deren Fell im Winter braun und im Sommer weiß ist. Es handelt sich um die Farbe Roan, die sehr selten und begehrt ist.

Freiheitsliebend

New Forest Ponys sind eine ursprüngliche Rasse, die keinesfalls für ein Leben im Warmstall geschaffen ist. Die robusten Briten haben eine widerstandsfähige Gesundheit und genießen ihr Leben am liebsten in einer ponygerechten Robusthaltung. Ihr Fell ist pflegeleicht, wie auch die Hufe. Das Nahrungsangebot sollte ausgewogen, aber keinesfalls zu üppig sein. Wenn all das stimmt, erfreuen sich New Forest Ponys eines langen, gesunden Lebens.

Norwegisches Fjordpferd

Dunkle freundliche Augen und eine freche Stehmähne gehören untrennbar zu den kräftigen Falben mit dem dunklen Aalstrich, die gleich mit einer ganzen Reihe von Namen daherkommen. Fjordpferde, Norweger, Fjordings, Vestland-Pferde – gemeint ist ein- und dieselbe Rasse. Das Norwegische Fjordpferd ist längst kein Insider-Tipp mehr: Viele Freizeitreiter und -fahrer schwören auf die Nachfahren der Wikingerpferde.

Klirrende Kälte und eisiger Wind stören sie nicht, schließlich sind Fjordpferde echte Nordlichter. In ihrer Heimat Norwegen schätzt man die robusten Nachfahren der Wikingerpferde schon lange, allerdings weniger als schickes Reit- und Fahrpony, sondern vor allem als belastbares Arbeitstier. Die liebenswerten Falben rackerten dort im Straßenbau, schleppten tonnenschwere Baumstämme, schnauften als Packpferde auf steilen Gebirgspfaden und zogen den Pflug. Ein praktischer Allrounder eben – für die ganze Familie, für jede Lebenslage, auch heute noch.

Vielseitig

Während die Fjordpferdezucht in Norwegen nach wie vor überwiegend in bäuerlicher Hand ist, hat die Freizeitreiter- und -fahrerszene Fjordpferde längst für sich entdeckt und erprobt die zwischen 1,38 und 1,48 Meter Stockmaß großen Ponys in allen erdenklichen Reitsport- und Fahrdisziplinen. Mit erstaunlichem Erfolg, denn die kecken Norweger sind auch unter dem Sattel und vor der Kutsche zu beachtlichen Leistungen fähig. Manchen Reitern gelingt es, die gelehrigen Ponys bis zu Lektionen der S-Dressur auszubilden. Andere bewältigen knifflige Geschicklichkeits-Trails oder eine Western-Reining. Beim Springen geht es zwar meistens nicht so hoch hinaus, dafür zeigen viele Fjordis bei Natursprüngen im Gelände eine außerordentlich schöne Manier.

Ganz schön kraftvoll. Norweger sind kalibrige Ponys.

Im Gelände fühlen sich die freundlichen Ponys ohnehin pudelwohl. Sie sind ideale Partner für den Wander- oder Distanzritt. Die harten, wohlgeformten Hufe finden auch auf schwierigem Boden sicher ihren Weg. Starke Gelenke machen Fjordpferde zu belastbaren Freizeitpartnern mit einem kräftigen Hinterhandschub. Davon profitieren auch Fahrsportler: Bei Turnieren belegen Fjordpferde zunehmend vordere Plätze.

Norweger-Nachwuchs

Markenzeichen

Doch das ist nicht alles, was Norweger-Fans begeistert. Schließlich haben die ausgeglichenen Ponys auch optisch einiges zu bieten, zum Beispiel die wunderschönen Farbschläge. Hellbraunfalbe, Braunfalbe, Rotfalbe, Graufalbe, Gelbfalbe, Weißfalbe – da fällt die Entscheidung schwer. Ganz typisch ist auch die Wildzeichnung, die sich in dunklen Aalstrichen und Zebrastreifen an den Beinen zeigt. Weiße Abzeichen sind laut Rassestandard nicht erwünscht. Bei Stuten liegt jedoch ein kleiner weißer Stern innerhalb der Toleranzgrenze. Die Farbschläge und die Wildzeichnung gelten übrigens als ursprüngliche Rassemerkmale, die es unbedingt zu erhalten gilt. Dasselbe gilt auch für die Reinrassigkeit des Fjordpferdes. Züchter achten auf eine breite Stirn und schätzen einen geraden bis leicht konkaven Nasenrücken. Um die Eignung als Reitpferd zu erhöhen, sind ausreichend lange, geschmeidige Hälse beliebt. Dabei darf die rassetypische Wölbung nicht auf der Strecke bleiben. Ausreichend Ganaschenfreiheit ist wichtig für die Beizäumung in der Versammlung.

Da Fjordpferde ein ausgeglichenes Wesen haben, sind sie als Einsteigerpferde gefragt. Davon profitieren auch Kinderreitschulen, wo oft Norweger im Einsatz sind. Die energischen, taktreinen Grundgangarten sind gut zu sitzen.

Hinzu kommen die recht anspruchslosen Haltungsbedingungen des Fjordpferdes. Robusthaltung ist sicherlich die artgerechteste Haltungsform, allerdings inklusive aller Serviceleistungen, die eine korrekte Robusthaltung erfordert. Norweger sind sehr gute Raufutterverwerter und sollten nur dann energiereiches Kraftfutter erhalten, wenn sie im sportlichen oder züchterischen Einsatz sind. Ansonsten wird es schnell zu viel, was die genügsamen Ponys unter Umständen mit Übergewicht und Stoffwechselstörungen quittieren.

Auch die Pflege des Skandinaviers ist komfortabel, wobei das exakte Schneiden der Stehmähne einige Übung und eine gute Schere erfordert. Wer keine ruhige Hand hat, sollte es lieber lassen, denn eine nicht gleichmäßig gestutzte Norweger-Mähne sieht unvorteilhaft aus.

Der freche Borstenschnitt ist übrigens schon seit Beginn der Zucht populär. Die gezielte Zucht begann circa 1820, allerdings kreuzte man in den nächsten 50 Jahren gehörig Fremdblut in die Rasse ein. Hier kamen vor allem Dölepferde zum Einsatz, die mehr Größe und Kraft brachten. Seit 1886 gibt es eine Reinzucht. Norwegische Fjordpferde haben inzwischen einen festen Platz in den Herzen der Freizeitreiter.

Ein stattlicher Deckhengst, der die erwünschten Rassemerkmale zeigt.

Pinto

Wenn Amerikaner von einem Pinto sprechen, haben sie einen Schecken vor Augen. Die Bezeichnung stammt vom spanischen Wort „Pinta“ und bedeutet „Fleck“. Und genau das ist es, was Pinto-Fans begeistert: Ein Pferd, dessen Körper helle und dunkle Fellpartien zieren, ein Wesen aus Licht und Schatten. Da Pinto eine reine Farb- und keine Rassebezeichnung ist, finden sich auch zahlreiche Ponys in dieser kunterbunten Welt.

Eine Farbzucht

Pintos sind keine Rasse, sondern eine Farbzucht. Und diese Farbzucht unterliegt inzwischen genauen Vorgaben, was nicht immer so war: Pinto dürfen sich nur Pferde mit Plattenscheckung nennen, die

- einen Fleck haben, der mindestens 500 Quadratzentimeter groß ist, oder
- zwei Flecken mit einer Größe von mindestens 200 Quadratzentimetern, oder
- drei Flecken mit je 100 Quadratzentimetern.

Außerdem müssen alle maßgeblichen Flecken über den Sprunggelenken und außerhalb des Kopfbereichs liegen.

Da der Name Pinto keine bestimmte Rasse, sondern eine Plattenscheckung bezeichnet, gibt es Pintos in allen erdenklichen Größen ab 1,20 Meter Stockmaß. Es sind also auch viele Ponys dabei. Und es ist schier unglaublich, welche Farben- und Formenvielfalt sich auf diesen kleinen Körpern entfalten kann.

Es gibt Tobianos mit einer dominanten Plattenscheckung. Diese erkennt man an großflächigen, ruhigen Konturen und weißen Fellpartien, die sich über die Rückenlinie erstrecken. Tobiano-Zeichnungen gehen auch oft mit einem zweifarbigen Schweif einher. Die Beine sind immer weiß, oft bis über die Sprunggelenke hinaus.

Dann gibt es Overos mit einer rezessiven Plattenscheckung. Bei ihnen breiten sich die weißen Fellpartien meistens von den Körperseiten her aus, kreuzen die Rückenlinie aber nicht. Die Farbkonturen wirken zerrissen und unruhig. Der Kopf von Overos ist meistens ganz weiß oder zeigt ein großflächiges Abzeichen, zum Beispiel eine Laterne. Mähne und Schweif sind oft einfarbig. Die Beine müssen nicht weiß sein, sondern zeigen alle Farbmöglichkeiten einfarbiger Pferde.

Bei manchen Pintos kommt es zu einer Mischform aus Tobiano- und Overo-Zeichnung, dies wird dann als Tovero bezeichnet. Außerdem gibt es noch den Farbschlag Sabino, der sich minimal vom Tovero unterscheidet: Hier verläuft die Weißzeichnung von den Beinen und der Unterseite des Bauches an aufwärts über den Körper eines ansonsten dunklen Pferdes. Manchmal reichen diese weißen Flecken bis hoch hinauf zum Hüfthöcker. Auch der Kopf des Sabinos zeigt eine ausgeprägte Weißzeichnung. Es gibt aber auch einfarbige Sabinos mit weißem Kopf und weißen Beinen, die an Rumpf, Bauch und Brust nur Stichelhaare aufweisen. Und die dritte Sabino-Variante erkennt man an einer stark zerrissenen, stichelhaarigen Plattenscheckung, die keine klaren Konturen aufweist.

Auch arabische Halbblüter gibt es im Schecken-Look. Pintos verschiedener Rassen bringen unterschiedliche Begabungen mit.

Viele Rassen

Während Züchter penibel auf die individuelle Farbausprägung achten, ist es vielen Pinto-Fans ziemlich egal, ob sie einen Overo, einen Tobiano, einen Tovero oder einen Sabino reiten. Ihnen gefällt ganz einfach die ungewöhnliche Optik ihres Pferdes – einem Wesen aus Licht und Schatten. Dass dabei Reitpferdequalitäten oft auf der Strecke bleiben, gilt heute als böses Gerücht, das zwar mit Blick auf den Spitzensport immer wieder aufflammt, aber der wissenschaftlichen Grundlage entbehrt. Man sollte sich vor der Anschaffung eines Pintos nur gut überlegen, welche Voraussetzungen er erfüllen soll. Schließlich gibt es Pintos verschiedenster Rassen und die bringen auch ganz unterschiedliche Begabungen mit.

Doch es gibt auch Zuchtziele, die generell für Pintos gelten, die von der Deutschen Reiterlichen Vereinigung (FN) übrigens als eigenständige Population in den angeschlossenen Zuchtvereinigungen angesehen werden. Wichtig ist ein korrekter, harmonischer Körperbau. Ein trockener, ausdrucksvoller Kopf und große, lebhafte, freundliche Augen sind ebenso erwünscht wie nicht zu große Ohren und ein gut geformter Hals. Eine plastische Bemuskelung und korrekte, klare Gliedmaßen runden das Bild des Pintos ab. Die Scheckzeichnung ist bei allen Pintos angeboren. Unter den weißen Fellpartien befindet sich rosafarbene Haut. Im Gesichtsbereich kann sich die helle Haut als pflegeintensiv erweisen (vor allem im Sommer bei intensiver Sonneneinwirkung). Dagegen helfen parfumfreie Sonnenschutzcremes und Fliegenmasken.

Pintos sind nicht nur etwas für Wild West-Fans – auch wenn Spaziergänger beim Anblick eines Pintos nach wie vor raunen: „Schau mal, ein Indianerpferd!“ Es gibt Dressur-, Fahr-, Hunter- und Freizeittypen, darunter typische Kinder- und Jugendponys bis hin zu edlen Barockvarianten. Eine kunterbunte Welt, ganz ohne Grenzen – solange die Scheckung stimmt. Das Aussehen alleine sollte beim Kauf nicht entscheidend sein. Die Eignung zählt, deshalb ist es wichtig, die rassetypischen Eigenschaften zu beachten und sich zu überlegen, welche Vorlieben man hat.

Shetland Pony

Kühn funkeln die Augen unter einem üppigen Schopf hervor, der Kopf ist stolz erhoben. Das ist typisch Shetland Pony, denn die kleinen Briten sind mit einem guten Selbstbewusstsein gesegnet. Weltweit sind die von den Shetland Inseln stammenden Ponys als Kinderreit- und Fahrponys im Einsatz. Ein Luxusleben im Vergleich zu dem entbehrungsreichen Dasein, dass Shettys jahrhundertelang auf stürmischen Inseln führten.

Kleine Kraftpakete

Sie sind wohl die stärksten Pferde der Welt – zumindest, wenn man ihre Kraft im Verhältnis zur Körpergröße misst. Diese beläuft sich auf maximal 1,07 Meter Stockmaß. Viele Shetland Ponys sind deutlich kleiner und trotzdem richtige Powerpakete. Das gilt auch für Mini-Shettys mit einem Stockmaß von weniger als 86 Zentimetern.

Diese unglaubliche Kraft erklärt sich aus der Geschichte der alten englischen Ponyrasse. Man muss bis in die Bronzezeit zurückreisen, um die ersten Spuren der Shettys zu finden. Damals gelangten vermutlich Pferde aus Tundrengebieten auf die Shetland Inseln, die aufgrund der noch nicht zurückgezogenen Gletscher auf dem Landweg zu erreichen waren. Diese Pferde waren mit 1,37 Metern Stockmaß – wie Knochenfunde ergaben – größer als moderne Shetland Ponys. Im Laufe der Zeit reduzierte sich ihre Größe jedoch aufgrund der harten Lebensbedingungen auf den sturmgepeitschten und strauchlosen Shetland Inseln, die etwas mehr als hundert Kilometer nördlich vor Schottland liegen. Nur die robustesten Exemplare überlebten und dienten den Bewohnern der Inseln bis Mitte des 19. Jahrhunderts als Lastentiere. Und als „Materiallager“: Fischer machten unter anderem ihre Taue aus Pony-Schweifhaar.

Die Nahrung der Shettys war ebenso karg wie die windige Insel-Heimat. In langen Wintern brachte man die kleinen Kraftpakete an die Meeresufer, um sie dort mit Algen und Seegras zu ernähren.

Unterschiedliche Typen

Als man um 1850 mit dem Straßenbau begann, kam ein neues Einsatzgebiet hinzu: Shettys trabten nun auch vor Kutschen und zogen allerlei Waren auf Karren. 1847 wurde

Kein Vorgarten-Zwerg

Eigentlich sind sie ganze Pferde, auch wenn sie klein sind. Das sollte man beim Umgang mit einem Shetland Pony nicht vergessen. Es muss ebenso sorgfältig eingeritten, eingefahren und weiter ausgebildet werden. Als Haltungsform bietet sich auf jeden Fall eine Robusthaltung an, wobei Shettys nicht unbegrenzten Zugang zu üppigen Weiden haben sollten. Sie sind extrem leichtfuttrig und neigen bei Überfütterung zu überflüssigen Pfunden, Hufrehe und anderen gesundheitlichen Störungen. Sie eignen sich keinesfalls als Vorgarten-Amüsement.

Shettys gelten als ideale Kinderponys, weil sie aufgrund ihrer überschaubaren Körpergröße auch für kleine Menschen handlich im Umgang sind. Sie müssen aber wie alle Pferde gut erzogen werden.

die Kinderarbeit in den Kohlebergwerken verboten. Nun mussten die Shettys ran und ihr Leben in Freiheit gegen die Dunkelheit der unterirdischen Schächte tauschen.
Zu diesem Zeitpunkt entstand ein schwerer Pony-Typ mit kräftiger Brust und einer gut entwickelten Schultermuskulatur. Gleichzeitig gab es aber auch einen leichteren Typ mit kleinem, hübschem Kopf und erhoben getragenem Schweif. Die Ponys des Marquis of Londonderry Stud waren besonders begehrt und legten den Grundstein für die moderne Shetty-Zucht. Queen Victoria besaß gleich mehrere Shetland Pony-Gespanne.
Plötzlich liebäugelten auch Ponyfreunde auf dem europäischen Festland mit den robusten Zwergen, es kam zu zahlreichen Exporten. Das rief einen offiziellen Zuchtverband auf den Plan: 1890 entstand The Shetland Pony Stud Book Society. Der älteste Zuchtverband einer ursprünglichen englischen Ponyrasse führt noch heute das Haupt-Stutbuch. Viele moderne Shettys gehen auf Vorfahren zurück, die auf den ersten Seiten dieses Stutbuchs eingetragen wurden.

Inzwischen haben Shetland Ponys weltweit viele Freunde. Der stämmigere und der edlere Typ sind zu einem modernen Kinderreit- und Fahrpony verschmolzen. Manchmal schimmern die stabileren oder eleganteren Vorfahren jedoch noch durch. Und es gibt eine besonders kleine Variante des englischen Ponys, das Mini Shetty. Auch die maximal 86 Zentimeter großen Kerlchen sind beliebt, sollten allerdings nicht zu klein gezüchtet werden, weil sich sonst leicht gesundheitliche Probleme einschleichen.

Ob Gardemaß oder Miniatur-Ausgabe, für beide gilt, abgesehen vom Stockmaß, derselbe Standard. Erwünscht ist ein kleiner, gut getragener Kopf mit harmonischen Proportionen und kleinen, aufrechten Ohren. Hinzu kommen eine breite Stirn und dunkle Augen mit intelligentem, kühnem Blick, ein breites Maul und große Nüstern. Eine schräge Schulter und ein ausgeprägter Widerrist bringen Reitpony-Qualitäten. Die gut bemuskelte Kruppe ist das Kraftzentrum des freundlichen Ponys, das im Winter ein doppeltes Haarkleid entwickelt. Vom Pflegeaufwand her sind Shetland Ponys wenig anspruchsvoll. Zu viel Styling ist eher nachteilig für ihr wetterfestes Fell. Im Winter reicht es, vor dem Reiten mit einer Wurzelbürste über das Fell zu gehen. Nur die Sattel- und Gurtlage bedürfen einer gründlicheren Reinigung.

Tinker Pony

Große schwarz-weiße Flecken, lange Mähnen und üppige Schweife, buschige Fesselbehänge und ein kräftiger Körper: So stellen sich viele einen Tinker vor. Damit liegen sie aber nur zum Teil richtig, denn Tinker gibt es auch in anderen Farben. Weniger Unterschiede gelten für die Zuchtkriterien: Kompaktheit, Kraft und eine imposante Erscheinung sind gefordert. Kein Problem für die freundlichen Iren, die nicht mehr aus der Freizeitreiterszene wegzudenken sind.

Irland, die grüne Insel, ist die Heimat des Tinker Ponys. Doch die schier endlose saftige Weidelandschaft sollte nicht über das eher bescheidene Leben der meisten Tinker hinwegtäuschen. Sie zogen viele Jahre lang die hölzernen Planwagen des fahrenden Volks. Daher kommt auch der Name „Tinker", der sich mit „Kesselflicker" übersetzen lässt. Auch heute noch trifft man auf solche Gespanne, allerdings bei Weitem nicht mehr so häufig wie in früheren Zeiten.

Eine Möglichkeit, Tinker in authentischem Ambiente zu erleben, sind die traditionellen Pferdemärkte, auf denen viele Tinker den Besitzer wechseln. Die berühmtesten Märkte sind im englischen Appleby und im irischen Ballinasloe. Auch bei Trekking- und Planwagen-Touren durch die traumhaft schöne irische Landschaft, die viele Reittourismus-Anbieter organisieren, kann man den Tinker hautnah erleben.

Ganz schön auffällig

Doch was ist nun eigentlich so besonders an diesen durchschnittlich zwischen 1,35 und 1,60 Meter Stockmaß großen Pferden? Zum einen sicher die auffällige Plattenscheckung, meistens in Schwarz-Weiß. Diese Scheckung hat die Tinker berühmt gemacht. Doch es gibt auch andersfarbige Tinker, Rot- und Braunschecken zum Beispiel, ganz selten auch Blauschecken. Einfarbige Braune und Schwarze, oft mit weißen Socken, kommen ebenfalls vor. Schimmel sind hingegen absolute Raritäten.

Doch die Farbe ist nicht das einzige Merkmal, das die Herzen der Tinker-Fangemeinde höher schlagen lässt. Da wäre auch noch das kräftige, üppig ausgebildete Langhaar, das Tinker mit fast meterlanger Mähne zu Showstars macht. Und der fedrige, lange Fesselbehang, der – frisch gewaschen – ebenfalls ein Hingucker ist. Aufmerksamkeit erregt übrigens auch der lustige Schnurrbart, der die Oberlippe mancher Tinker ziert.

Innere Qualitäten

Doch was wäre ein gutes Freizeitpferd, wenn es nur eine ansprechende Optik hätte? Um eine naturverbundene und unternehmungslustige Szene anzusprechen, bedarf es charakterlicher Pluspunkte – und auch die haben Tinker. Die Iren sind extrem nervenstark, zuverlässig und ausdauernd, was sie unter anderem zu guten Einsteigerpferden macht. Im Gelände erweisen sich die imposanten Ponys als trittsichere Lebensversicherung, vor der Kutsche als zugstarke Kraftmaschine. Einige Tinker zeigen auch herausragende Leistungen im Dressur- und Springsport. Manche werden durchaus bis zur schweren Klasse ausgebildet. Allerdings repräsentieren sie nicht generell den viel versprechenden Sportpferdetyp, sondern sind überwiegend für den Freizeitreiterbereich geeignet.

Und genau dort machen sie seit den 90er-Jahren Furore, vor allem in Deutschland und Holland. Als 1998 in Irland gerade der erste Zuchtverband, die Irish Cob Society, gegründet wurde, bewertete man in Deutschland und Holland bereits Tinker auf Zuchtschauen. Beide Länder führen ein Ursprungszuchtbuch.

Das Zuchtziel strebt einen mittelschweren bis schweren, quadratischen Körperbau an. Schwere Köpfe mit geradem oder konvexem Profil und abfallende, gespaltene Kruppen gelten als rassetypisch. Die Augenfarbe variiert von Schwarz über Braun bis hin zu Blau.

Namensverwirrung

In Irland kennt man drei Grundtypen des Tinkers: das Pony, den mittleren Typ und den traditionellen oder schweren Typ. Allerdings meiden die Iren das Wort Tinker. Stattdessen bezeichnen viele Schwarzschecken als Piebalds und alle anderen Schecken als Skewbalds. Und was ist mit der Bezeichnung Irish Cob, den der erste irische Zuchtverband auswählte? Damit sind auch Tinker gemeint, weil alle Irish Cobs tatsächlich auch Tinker sind. Dafür sind wiederum nicht alle Tinker gleichzeitig auch Irish Cobs.

Eine verzwickte Angelegenheit, da über die Jahrzehnte hinweg einfach zu viele ähnliche Namen kursierten und Tinker lange keine eigenständige Rasse waren. Dafür herrscht Einigkeit über die Rassen, die die Basis der Tinkerzucht bildeten: Connemara Ponys, Clydesdales, Irish Draught Horses, Hackneys und Traber waren beteiligt. Letztere kreuzen moderne, nichtsesshafte Bevölkerungsgruppen noch immer gerne ein, denn private Trabrennen sind nach wie vor sehr beliebt. Dabei geht es viele Meilen weit über einsame Straßen, und die Siegerpferde sind die heimlichen Stars der inoffiziellen Zuchtszene. Für Freizeitreiter zählen allerdings ganz andere Qualitäten.

Tinker gibt es in unterschiedlichen Typen. Die ungewöhnliche Plattenscheckung fasziniert viele Pferdefreunde. Für Freizeitreiter sind aber noch ganz andere Qualitäten entscheidend, zum Beispiel der ruhige und verlässliche Charakter der Tinker Ponys.

Welsh Pony

Reiter, die spritzige, leistungswillige Ponys schätzen, haben ihre helle Freude an der Welsh-Pony-Zucht. Denn hier gibt es Powerpakete fast jeglicher Couleur und Größe. Ob im Gelände, unter dem Dressur- oder Westernsattel, auf der Jagd, beim Wanderritt oder vor der Kutsche: Es gibt für jede Disziplin das passende Welsh Pony. Wer ein gutes Kinder-Pony sucht, sollte allerdings keine zu kleine Ausgabe wählen, sonst wächst der Nachwuchs zu schnell raus.

Sie sind der Rolls Royce unter den Robusten: Edel, formschön und komfortabel. Das beteuern Liebhaber der Rasse, hinter der sich Welsh Ponys verschiedenster Größen verbergen. Angefangen mit der Sektion A, die für das maximal 1,22 Meter Stockmaß große Welsh Mountain Pony steht. Gefolgt von der Sektion B, dem Welsh Pony mit einem Maximalstockmaß von 1,35 Metern. Über die Sektion C, das Welsh Pony im Cob Typ, bis 1,37 Meter Stockmaß. Bis hin zur Sektion D, dem Welsh Cob, dessen Durchschnitts-Stockmaß zwischen 1,44 und 1,55 Metern liegt.

Royal Welsh Show

Seit 1901 wird die Rasse von der Welsh Pony und Cob Society betreut, die sich im nord-walisischen Aberystwyth befindet. Einmal jährlich versammeln sich Welsh-Kenner aus aller Welt auf der Royal Welsh Show, auf der sich auch das britische Königshaus immer wieder unter die Besucher mischt. Dort gibt es Zuchtschauen, Führzügelklassen, Fahrsport und reiterliche Darbietungen mit Welsh Ponys zu sehen. Eine ausgezeichnete Gelegenheit, sich über das aktuelle Zuchtgeschehen zu informieren.

Somit steht einem ganzen Leben mit Welsh Ponys nichts im Wege. Ob Kleinkind, Jugendlicher, Erwachsener oder vom Fahrsport begeisterter Senior: Es gibt für jeden das passende Welsh-Pony.

Temperamentsbündel

Welsh Ponys sind absolut interdisziplinär. Sie springen hervorragend, brillieren in der Dressur, schlagen sich wacker unter dem Westernsattel, beweisen Ausdauer im Distanzsport und sind spritzige Jagdbegleiter. Im Gelände profitieren Reiter von ihrer Trittsicherheit und enormen Leistungsbereitschaft, denn faule Welsh Ponys sind Ausnahmen innerhalb der Rasse. Die meisten „Waliser" sprühen vor Energie, manchmal so sehr, dass sie unerfahrene Reiter sogar an die Grenzen bringen. Sattelfestigkeit und Freude an einem kernigen Powerpaket sollte man mitbringen, wenn man auf ein Welsh Pony steigt. Auch vor der Kutsche zünden die edlen Ponys wie Raketen, sind dabei aber kontrollierbar und überaus erfolgreich, wenn sich der Fahrer auf Welsh-Mentalität versteht.

Doch trotz ihrer Sensibilität sind Welsh Ponys auch bodenständig, zum Beispiel, wenn es um ihre Haltungsansprüche geht. Bei einem Grad Celsius im Schneeregen stehen? Gerne. Ein ausgiebiges Schlammbad im Herbst? Wunderbar. Wenn es nach den

Ein typvoller Welsh-A-Hengst mit ausgeprägter Halsung. Welsh Ponys gibt es in ganz unterschiedlichen Typen und Größen.

Wünschen der hübschen Allrounder geht, darf es ruhig das ganze Jahr über Robusthaltung sein. Hinzu kommt die Leichtfuttrigkeit der Rasse, vom kleinen Exemplar bis hin zum großen. Es ist geradezu erstaunlich, mit welchen überschaubaren Futterrationen ein 1,55 Stockmaß großes Muskelpaket auskommt, das im Trab die Knie fast bis zum Kinn hebt und im Galopp den Boden beben lässt. Hauptsache, es steht ausreichend hochwertiges Raufutter zur Verfügung. Auf Schauen sieht man oft speckige Welsh Ponys, die mit zusätzlichen Futterrationen „aufgemoppelt" werden. Außerhalb der Schauszene sind die überflüssigen Pfunde eher hinderlich und auch nicht gut für die Gesundheit.

Berühmte Vorfahren

Das gute Trabvermögen der Welsh Cobs ist ein Erbe von Hackney-Einkreuzungen. In wertvollen traditionellen Linien finden sich neben Hackneys auch Englische Vollblüter im Pedigree, unter anderem sogar die beiden legendären arabisch geprägten Stammväter der Vollblutzucht Byerly Turk und Godolphin Barb. Linien mit hohem Vollblutanteil bringen Welsh Cobs mit sehr trockenen, edlen Köpfen hervor. Allerdings geht das manchmal zu Lasten des rassetypischen üppigen Langhaars. Im Sportpferdetyp stehende Cobs haben deshalb unter Umständen weniger schön ausgeprägte Schöpfe und Mähnen als mehr im Wirtschaftstyp stehende Rassevertreter.

Doch lange vor der Veredelung der Welsh-Zucht Anfang des 17. Jahrhunderts begeisterten sich bereits gekrönte Häupter für die „robusten Keltenponys". Allerdings fokussierten sich manche hierbei vor allem auf die größeren Exemplare. So zum Beispiel König Heinrich VIII., der dazu aufrief, alle kleinwüchsigen Ponys zu töten, damit es mehr großrahmige Typen für die Kreuzzüge gebe. Doch selbst diese Entscheidung vermochte nicht, den Erfolgskurs der Welsh Ponys aufzuhalten.

Welsh Ponys gehören zu den beliebtesten und am weitesten verbreiteten englischen Ponyrassen. Freizeit- und Turnierreiter schwören gleichermaßen auf sie.

Haltung und Gesundheit

Wie Ponys am liebsten leben

Wenn sich Ponys ein Leben aussuchen dürften, würden sie vielleicht wieder durch die Lande ziehen und Tausende von Kilometern pro Jahr zurücklegen. Das ist genau die Lebensform, die den Urponys entsprach: viel Bewegung, karges Futter, klare Herdenstrukturen. In diesen Punkten unterscheiden sich moderne Ponys nicht von ihren Vorgängern. Und diese Ansprüche können Ponyhalter auch erfüllen, ohne ihren Freizeitpartner auswildern zu müssen.

Frischluft, Tageslicht, Auslauf, Weidegang, Sozialkontakte – fünf wichtige Säulen im Leben eines Ponys, die sich eigentlich gar nicht von den Bedürfnissen größerer Pferde unterscheiden. Dennoch leben sehr viel mehr Ponys als Großpferde in artgerechten Offenställen.

Woran mag das liegen? Vielleicht daran, dass viele Freizeitreiter Ponys halten. Die meisten sind sehr naturverbunden und sehen in ihrem Pony einen Partner, mit dem man die schönen Stunden des Lebens teilt. Grund genug, kompetent und liebevoll mit den Ponys umzugehen. Dazu gehört auch, sich intensiv mit seinen Bedürfnissen zu befassen. Möglichkeiten dazu gibt es viele: Fachbücher, Zeitschriften und Kurse sind nur einige.

Klimareize

Die meisten Ponyhalter wissen ganz genau, wie sie ihr Pony glücklich machen. Reine Boxenhaltung mit wenig Auslauf und unangepasstem Futter sind bei verantwortungsvollen Ponybesitzern eher die Ausnahme. Zum Glück, denn genau das ist ausgesprochen schädlich für die kleinen Pferde.

Ponys sind von Natur aus extrem robust und sollten diese Eigenschaft auch ausleben dürfen, denn Klimareize fördern die Thermoregulation. Hitze kompensieren Ponys durch eine hohe Anzahl von Schweißdrüsen, diese sorgen sofort für Kühlung, wenn der Körper überhitzt. Eisiger Kälte begegnen Ponys mit einer erhöhten Blutzirkulation. Auch Großpferde haben natürlich eine Thermoregulation, allerdings funktioniert sie gerade bei aus südlichen Ländern stammenden Rassen wie Andalusiern und Vollblutarabern unter bestimmten Bedingungen nur beschränkt.

Ponys lieben Gesellschaft und Abwechslung.

Selbst wenn ein Großpferd Robusthaltung gewöhnt ist, setzt ihm nasskalte Witterung entschieden mehr zu als Ponys mit dichter Unterwolle und langem Deckhaar.

Buschige, tief angesetzte Schweifrüben sind typische Ponymerkmale und ein hervorragender Schutz gegen Kälte und Nässe im Genitalbereich. Die dichten, langen Kötenbehänge schützen die Fesselbeuge vor Nässe. Beides ist bei den meisten Großpferden nur spärlich ausgeprägt.

Wellness-Coaching

Trotz aller Genügsamkeit, die viele Ponyrassen auszeichnet, muss es auch bei Robusthaltung ein „Wellness-Coaching" geben.
So sollte die Energiezufuhr bei anhaltendem Regen und feuchtkalter Witterung über die Nahrung erhöht werden. Hochwertige Pflanzenöle, Rübenschnitzel, Rote Beete oder auch Bananen sind gute Futterergänzungen. Als Hauptenergielieferant dient aber immer hochwertiges Raufutter, denn Körperwärme entsteht unter anderem bei der bakteriellen Dickdarmverdauung von Raufutter.

Außerdem brauchen Ponys einen Wetterschutz, der vor allem winddicht sein muss. Das schönste Dach über dem Kopf nützt

Viele Ponys fühlen sich auch mit Großpferde-Freunden wohl.

nichts, wenn einem von vier Seiten der Wind um die Nase weht. Zur ponyfreundlichen Robusthaltung gehört deshalb ein Offenstall, der alle im nächsten Kapitel aufgeführten Kriterien erfüllen sollte.

Freunde

Eines dieser Kriterien ist es, die im Offenstall lebende Ponygruppe passend zusammenzustellen.
Ponys lieben es, in Herden zu leben, aber sie hassen Sozialstress. Ein einziger Störenfried in der Herde kann die gesamte Atmosphäre ruinieren. Er bedrängt die anderen beim Fressen, gönnt ihnen keine Ruhe auf den Liegeflächen und scheucht alle im Auslauf herum. Sollte dieses Verhalten ein Dauerzustand sein, muss so ein streitbarer Artgenosse umziehen, damit sich wieder ein intaktes Herdengefüge bildet.

Je seltener ein Neuzugang in die Gruppe kommt, desto besser. Neue Ponys müssen ganz behutsam integriert werden. Dies geht zum Beispiel, indem man in den ersten Tagen den Auslauf abtrennt und das neue Pony nur in Sichtweite unterbringt, ohne einen direkten Körperkontakt zuzulassen. Die eigentliche Zusammenführung erfolgt am besten auf der Weide. Dort ist ausreichend Platz, das entstresst die Situation. Auf beengtem Raum ist die Eingewöhnung sehr viel riskanter, weil sich die Ponys gegenseitig in Ecken treiben und dann treten können.

Offenstall

Tageslicht, Frischluft, Sozialkontakte und Bewegung: Das sind nur einige Gründe, weshalb eine Offenstallhaltung für Ponys ideal ist. Ein Offenstall funktioniert wunderbar, wenn er professionell organisiert ist. Voraussetzungen sind ausreichend große Flächen für Unterstand und Auslauf sowie täglicher Weidegang. Auch erfahrene Betreuer sind wichtig, denn ein ordentlicher Offenstall bereitet eher mehr Arbeit als Boxenhaltung.

Bei sehr kleinen Ponys ist auf eine der Größe angepasste Umzäunung zu achten.

Weiße Flocken wirbeln durch die Luft. Die Ponys stehen dicht nebeneinander und trotzen dem eisigen Schneetreiben. Ein paar Meter weiter ist der Eingang zum dick mit Stroh eingestreuten Offenstall. Sie können jederzeit hineinlaufen, aber das wollen sie gar nicht. Typisch für Ponys. Ihr dichtes Winterfell isoliert besser als der kuscheligste Wollpullover. Die dichte Schneedecke auf ihren Körpern wird nicht als kalt empfunden, sondern als zusätzliche, natürliche Wärmedecke, die die Körperwärme reflektiert.

Es gibt kaum eine Wetterlage, die Ponys ernsthaft zusetzt, außer vielleicht heiße Mittagssonne und Dauerregen mit starkem Wind. Um sie vor Hitzeschäden und Auskühlung zu schützen, reicht ein windgeschützter Unterstand mit lichtundurchlässigem Dach. Hier suchen Ponys von selbst Unterschlupf, wenn es draußen unangenehm ist. Selbst zu entscheiden, wann Indoor und wann Outdoor passt, ist ganz nach Ponygeschmack. Die instinktsicheren kleinen Pferde wissen ganz genau, was für sie gut ist.

Indoor-Bereich

Das klassische Offenstallmodell kommt Pony-Ansprüchen entgegen. Voraussetzung ist allerdings die professionelle Umsetzung dieser Haltungsform, denn es gehört mehr dazu als ein Bretterverschlag mit angrenzender Weide.

Für den Unterstand kommen verschiedene Modelle in Frage. Auf jeden Fall sollten der Anzahl der Pferde angepasste Räume mit offenen Frontseiten vorhanden sein. Ist das nicht möglich, ersetzen großzügige Ein- und Ausgänge die offenen Fronten. Wichtig: Die Durchgänge sollten breit genug sein, damit zwei Pferde problemlos nebeneinander hindurchpassen. Zu enge Durchgänge erhöhen die Verletzungsgefahr und stressen die Ponys.

Im überdachten Bereich des Offenstalls müssen sauber eingestreute Liegeflächen zur Verfügung stehen, jeweils mindestens neun Quadratmeter pro Pony, besser zwölf Quadratmeter. Tägliches Misten und das Ersetzen verbrauchter Einstreu gehören zur artgerechten Ponyhaltung.

Outdoor-Bereich

Da Ponys sich gerne nach Lust und Laune bewegen, ist ein ausreichend großer, trockener, huffreundlicher und unbewachsener Auslauf ideal. Für die Größenberechnung gilt folgende Faustregel: Bei Gruppen von bis zu fünf Pferden sind mindestens 300 Quadratmeter; bei Gruppen von bis zu zehn Pferden mindestens 800 Quadratmeter angebracht. Bei sehr kleinen Ponys reicht auch eine entsprechend kleinere Fläche.

Als Tretschicht eignet sich Sand, am besten auf einer mit Drainage und Trennschicht versehenen Fläche. Dann droht im Herbst und Winter keine Schlammschlacht. Alternativ kommen unter anderem auch Gummipflastersteine mit Durchlassritzen für Urin in Frage. Allerdings ist diese Variante sehr kostspielig.

Futterplatz und Tränke

Im Auslauf befindet sich auch die Tränke, wobei man jeweils eine Tränke für fünf Ponys einplanen sollte. Außerdem gibt es vom Auslauf aus einen Zugang zum Fressbereich, der besser nicht durch den Liegebereich führt, weil das für Unruhe sorgt.

Offenställe sollten über Fressstände oder Fressgitter verfügen. Beides verhindert futterneidbedingte Rangeleien, allerdings muss man sie unbedingt an die Körpergröße der Ponys anpassen. Der Abstand der Fressgitterstäbe beträgt circa 1,5 Mal die Kopfbreite des Ponys. Während der Weidesaison bietet ein Offenstall natürlich auch Zugangsmöglichkeiten zu Weiden.

So klappt die Offenstallhaltung

- Kleine Gruppen von maximal zwölf Ponys
- Wenig Fluktuation innerhalb des Ponybestands
- Kompetente Betreuer, die Probleme innerhalb der Gruppe erkennen und richtig einschätzen
- Ein überdachter Bereich mit offenen Frontseiten oder breiten Ein- und Ausgängen
- Genügend große Liegeflächen und ein separater Fressbereich
- Ausreichend große vegetationslose Auslauffläche mit Tränken
- Zeitweise nutzbare Weiden

Was Ponys gefällt

Die Gruppenhaltung in Offenställen ist ganz nach Ponygeschmack, weil dort jederzeit Sozialkontakte möglich sind. Außerdem kann man sich ganz nach Gusto bewegen oder ruhen. Frischluft und Tageslicht beugen vielen haltungsbedingten Erkrankungen vor. Da sich Ponys in Offenställen mehr bewegen als in der Box, bleibt eine einmal erarbeitete Kondition viel länger erhalten. Stoffwechsel, Gelenkschmiere und Sehnen profitieren ebenfalls von dieser Haltungsform. Trotzdem gilt fürs Reiten: erst zehn Minuten Schritt.

Zu einem artgerechten Offenstall gehört ein gutes Raufutterangebot.

Laufstall

Den ganzen Tag lang in Bewegung bleiben, zwischendurch im frischen Stroh ausruhen, danach wieder ein bisschen Futter holen, dann am Bürstengalgen kratzen – unter solchen Lebensbedingungen fühlen sich Ponys pudelwohl. Lauf- oder Bewegungsställe erfüllen die Grundbedürfnisse des Ponys. Ein Konzept, das immer mehr Anhänger findet, besonders unter Ponyhaltern. Hier mangelt es dem Pony nicht an Bewegung, auch wenn die Zeit zum Reiten mal knapp ist.

Seit 1989 gibt es einen Verein, der sich der artgerechten Pferdehaltung verschrieben hat: die Laufstall-Arbeits-Gemeinschaft (LAG). Seit 1992 können sich Betriebe um die LAG-Qualitätsplakette bemühen, die LAG-Inspekteure verleihen.
Das Konzept ist erfolgreich. Inzwischen gibt es nicht nur in Deutschland anerkannte LAG-Ställe, sondern auch in der Schweiz, in Österreich, Belgien und Frankreich. Um diesen Status zu erlangen, muss ein Stall zahlreiche Kriterien erfüllen. Gut für Ponys, denn dieses Konzept dürfte ganz nach ihrem Geschmack sein.

Abenteuer-Parcours

Ponys sind neugierig und lieben Herausforderungen. Ein abwechslungsreicher Abenteuer-Parcours auf dem eigenen Gelände ist ganz nach ihrem Geschmack. Mit etwas Fantasie lässt sich ein langweiliger Auslauf in ein lehrreiches und unterhaltsames Terrain verwandeln. Baumstämme, Wasserhindernisse, Hügel, eine Fellpflege-Station mit Bürstengalgen – alles, was Ponys motiviert, ist gut. Wenn Wasser, Futter und Ruheräume dann noch weit genug auseinanderliegen, wandern die Ponys den ganzen Tag lang herum. Sind die räumlichen Möglichkeiten begrenzt, helfen an strategisch klugen Stellen platzierte Zäune, die Ponys auf Umwege zu schicken.

Idealmaße

Das vorhandene Platzangebot ist ein heißes Thema, wenn es um Laufställe geht. Für Innenboxen wird folgende Formel empfohlen: zwei Mal die Widerristhöhe im Quadrat. Bei einem 1,38 Meter großen Pony sollte die Box also mindestens 7,6 Quadratmeter groß sein. Der angrenzende Auslauf sollte mindestens dreimal so groß sein wie Box oder Liegefläche – pro Pony gerechnet. Zwei Ein- und Ausgänge entschärfen die Situation zwischen Ruhe- und Auslaufbereich.

In einem Laufstall sind Ponys immer in Bewegung. Das entspricht ihren natürlichen Lebensbedingungen.

Bürstengalgen sorgen für Wohlbefinden.

Ruhe am Fressplatz

Zu einer entspannten Atmosphäre tragen auch klug konzeptionierte Futterplätze bei. Jedes Pony eines Laufstalls muss in aller Ruhe fressen können. Futterstände sind eine Möglichkeit, jedem Pony einen eigenen Fressplatz zu sichern. Doch das klappt nicht bei allen Ponys. Zu kurze Stände motivieren die anderen Herdenmitglieder dazu, den fressenden Kollegen so lange von schräg hinten in den Allerwertesten zu zwicken, bis er rückwärts herauskommt. Sind die Futterstände zu breit, schlüpfen schon mal zwei Ponys gleichzeitig herein oder eines versucht, sich im Ständer umzudrehen.

Deshalb entscheiden sich Laufstallbetreiber mitunter für Bewegungsställe, bei denen eine computergesteuerte Fütterungsanlage die Versorgung übernimmt. Jedes Pony trägt einen Chip, der beim Betreten des Futterraumes von einem Sensor erfasst wird. Ist das Futter leer, verlässt es den Raum und bekommt erst erneuten Zutritt, wenn ihm wieder Futter zusteht. In Bewegungsställen sind die Ponys den ganzen Tag auf einem Rundkurs durch den speziell für sie entwickelten Auslauf unterwegs.

Doch ganz gleich, welches Fütterungssystem man wählt: In einem Laufstall zählt immer eine möglichst natürliche Nahrungsaufnahme. Das Futter wird bodennah platziert, damit die Ponys mit gesenkten Köpfen fressen. Außerdem muss genügend Platz sein, damit sie einen Ausfallschritt nach vorne machen können.

Sterne sammeln

Ein Laufstall muss Kriterien erfüllen, um den Titel LAG-Stall tragen zu dürfen. Zusätzlich gibt es ein Sternesystem, ähnlich wie bei Hotels: Gruppenhaltung steht hierbei höher im Kurs als Einzelhaltung. Neben dem Stallbereich mit Ruhezonen achten LAG-Inspektoren auf ein ausreichendes Platzangebot und die Gestaltung des Auslaufs. Pluspunkte bringt eine Eingewöhnungsbox, wo die Neuzugänge ersten Nasenkontakt mit den alten Herdenmitgliedern haben, ebenso ein gutes Stallklima, Hygiene, Futterqualität und Weidegang. Details wie Bürstengalgen, abgerundete Ecken und Spielzeuge für die Ponys fließen ebenfalls mit in die Bewertung ein.

Warum Laufställe?

- Ponys bewegen sich gerne. Wenn sie können, wie sie wollen, legen sie bis zu 30 Kilometer täglich zurück – überwiegend im Schritt.
- Ponys haben immer Appetit. Da ihr Magen verhältnismäßig klein ist, sollten sie über den Tag verteilt mehrere kleine Futtermengen bekommen, außerdem viel Raufutter, was lange Fresszeiten ermöglicht.
- Ponys wollen nicht alleine sein. Der Kontakt zu Artgenossen erhält sie psychisch gesund.
- Ponys lieben Abwechslung. Umso mehr Aussichtsmöglichkeiten sie haben, desto besser. Der Blick in die Ferne, die Kontrolle der Umgebung ist wichtig für sie.
- Ponys brauchen Licht. Ihr Körper ist auf Klimaschwankungen und unterschiedliche Witterung eingestellt.
- Ponys lieben frische Luft. Umso staubfreier diese Luft ist, desto besser.

Paddock

Ein Paddock? Das ist ein umzäunter Auslauf an einer Box. Oder? Eigentlich nicht. Ein Paddock ist mehr. Es sollte ein richtiger Auslauf sein, jedenfalls dann, wenn man die ursprüngliche Bedeutung wörtlich nimmt. Das altenglische Wort „Pearocc“ bezeichnet einen umzäunten unbewachsenen Bereich, ist der Vorläufer des Wortes Paddock und der Beweis, dass Briten damals schon wussten, was für Ponys gut ist.

Paddock ist nicht gleich Paddock und längst nicht jeder Auslauf ist gut. Auf einem Paddock sollen sich Ponys frei bewegen, also traben und galoppieren können. Ein kleiner Platz an der Sonne ist zwar immer noch besser als 24 Stunden Dunkelhaft in der Box, aber sicherlich nicht ideal. Ponys brauchen Bewegung, Frischluft und den Kontakt mit Artgenossen, um gesund zu bleiben. Kleine Paddock-Boxen können das nicht leisten und schon gar nicht den täglichen Auslauf ersetzen. Ein Pony muss sich auf dem Auslauf wälzen können, das ist wichtig für sein Wohlbefinden. Deshalb scheiden mit Rasengittersteinen oder mit Pflaster befestigte Paddock-Flächen aus.

Paddocks sollten so groß sein, dass sich die Pferde darauf nicht in die Enge treiben können. Idealerweise kennen sich die Pferde, die gemeinsam auf einem Paddock stehen oder dicht nebeneinanderstehen.

Richtige Planung

Von schlecht durchdachten Paddocks gehen sogar Gefahren aus: Umgrenzungen aus Wegrandsteinen, Stufen und Schwellen zwischen Auslauf und Box oder scharfe Kanten in der Paddock-Umgrenzung sind riskant. Für Umrandungen sind Holz oder Kunststoff ideal. Tipp: Eschenholz kommt ohne Imprägnierung aus und ist trotzdem wasserfest. Und was für einen Boden nimmt man? Der Bodenbelag muss rutschfest sein. Das heißt: Reitplatzboden – also Sand. Auf ihm können auch beschlagene Pferde einen Stopp hinlegen, ohne auszurutschen.

Unter allzu rasanten Hufen könnte allerdings wiederum der Bodenbelag leiden. Hier ist Top-Qualität gefragt. Ansonsten verwandelt sich der Traum vom Wellness-Aufenthalt unter freiem Himmel spätestens im Herbst in eine Fango-Packung mit enormem Infektionsdruck durch Keime und Bakterien. Damit es dazu erst gar nicht kommt, muss Regenwasser abfließen: Im Handel gibt es verschiedene Systeme, um den Boden tragfähig und wasserdurchlässig zu machen.

Paddock-Platten aus Kunststoff haben sich bewährt. Sie sind leicht zu verlegen und bilden eine tragfähige Oberfläche, die aktiven Hufen standhält.

Nur noch Sand drauf und fertig? Nicht ganz, denn Paddock-Flächen sollten zusätzlich drainiert werden, das heißt, man führt verunreinigtes Regenwasser ab. Außerdem sind die Bau-Vorschriften und das Wasserschutzgesetz der Länder zu beachten. Das heißt im Klartext: Unterhalb der Tragschicht muss eine Drainage aus Kies oder Schotter für den Abtransport der Gülle sorgen. Dann steht dem Frischluftvergnügen nichts mehr im Wege.

Paddock-Bau

Paddock-Flächen müssen drainiert werden (Bodenbeschaffenheit im Baugebiet prüfen). Man geht folgendermaßen vor:

1. Mutterboden abtragen
2. Drainagerohre circa einen Meter tief mit Gefälle in ein Filterkiesbett verlegen
3. Schotter, Splitt oder Kiesbett aufschütten; mindestens eine 20-Zentimeter-Schicht
4. Je nach verwendetem System Reitplatz-Flies, Paddock-Platten oder eine Trennschicht aus Lava aufbringen
5. Tretschicht aus Sand (gewaschener Flusssand) aufbringen

- Spezielle Kunststoff- oder Holzumrandungen verhindern ein Abwandern der Tretschicht. Tipp: Eschenholz ist wasserfest
- Paddock-Umrandungen sollten aus stabilen Materialien bestehen. Bei großen Paddocks mit Elektrozaun drei Breitbandlitzen à 40 Millimeter verarbeiten. Bei kleinen Paddocks oder Paddock-Boxen Holzumrandungen oder geschweißte Stahlrohre ohne scharfe Kanten verwenden. Mindesthöhe bei Kunststoffelementen: 1,20 Meter für Ponys, 1,40 Meter für Großpferde.
- Der Übergang in den Stallbereich sollte leicht ansteigen (Rampe), damit der Sand da bleibt, wo er hingehört.
- Preis pro Quadratmeter: Drainage plus Tragschicht plus Tretschicht ab circa 50 bis 70 Euro
- Achtung: Für den Bau von Paddocks müssen Bauvorschriften und Wasserschutzverordnungen beachtet werden.

Gemeinschaft

Doch selbst ein Ideal-Paddock taugt nichts, wenn die „Chemie" zwischen den im Paddock stehenden Ponys nicht stimmt.

Pferde, die nebeneinander oder als Gruppe auf dem Paddock stehen, müssen zueinanderpassen. Ideal sind kleine Gruppen, die sich kennen und auch dauerhaft zusammenbleiben. Doch das ist in vielen Pensionsbetrieben schwer zu realisieren. Ein neues Pony in eine bestehende Gruppe zu integrieren, ist in Ausläufen besonders riskant. Hier eignet sich die Weide besser. Begrenztes Platzangebot führt schnell zu Aggression, vor allem, wenn die Rangordnung nicht geklärt ist. Ansonsten sind Gemeinschafts-Ausläufe für die Gesundheit und Psyche des Pferdes ideal.

Und noch ein Tipp: Wer einen neuen Stall mit Paddock sucht, sollte sich nicht nur die als Paddock genutzten Flächen ansehen, sondern auch das Paddock-Management. Werden die Ponys während des Mistens einfach auf Außenreitplätze gestellt, hat das mit Auslauf nichts zu tun, sondern mit Stress.

Nur zur Not: Boxenhaltung

Sie sind kontaktfreudig, neugierig und kleine Gourmets. Deshalb gibt es für Ponys vermutlich kaum etwas Schlimmeres, als von der Welt abgeschottet ganztägig in einer mit Sägespänen eingestreuten Box zu stehen. Eine solche Haltung ist generell für kein Pferd erstrebenswert, aber Ponys leiden extrem darunter. Deshalb sollte eine Boxenhaltung immer nur eine Notlösung und möglichst vorübergehend sein.

Nur zur Not sollten Ponys in Boxen wohnen. Diese Zeit muss man ihnen dann so stressfrei wie möglich gestalten. Da wäre zunächst die Größe der Box. 14 Quadratmeter gelten als empfohlene Mindestgröße. Bei kleinen Ponyrassen wie Shetland, Welsh A oder Dartmoor Pony reichen auch zwölf Quadratmeter. Umso weniger Auslauf das Pony täglich bekommt, desto größer sollte auf jeden Fall die Box sein.

Checkliste Pferdebox

- Ist die Box ausreichend groß (mindestens zwölf Quadratmeter)?
- Wie ist der Abstand der Gitterstäbe zwischen den Boxen (Verletzungsgefahr)?
- Sind die Trennwände zwischen den Boxen brusthoch?
- Sind Sozialkontakte zu den Boxennachbarn möglich?
- Welche Qualität hat die Einstreu?
- Ist die Tür der Außenbox ausreichend niedrig?
- Gibt es draußen viel zu sehen?
- Ist eine Paddockbox möglich?
- Wie sieht die Umzäunung des Paddocks aus?
- Welchen Bodenbelag hat der Paddock?
- Ist täglicher Auslauf gewährleistet?
- Gibt es täglich Weidegang?

Da Ponys in Boxen weniger Sozialkontakte pflegen können als im Offenstall, sollten sie zumindest Kontakt zu den Boxennachbarn haben. Sichtkontakt sowieso, aber besser auch noch die Möglichkeit, durch die Gitterstäbe Nüsternkontakt zu haben. Doch Vorsicht: Der Abstand der Gitterstäbe muss so sein, dass kein hoch ausschlagender Ponyhuf hindurchpasst. Ansonsten könnte der Huf stecken bleiben und im schlimmsten Fall sogar abreißen. Dieses Risiko ist deshalb für Ponys besonders hoch, weil die meisten Boxen auf Großpferde ausgelegt sind. Manche Boxen haben sogar extrem weit auseinanderliegende Gitterstäbe, was auf den ersten Blick pferdefreundlich wirkt. Hier bleiben zwar sicher keine Ponyhufe stecken, dafür besteht aber die Gefahr, dass die Pferde ihren Kopf durchschieben und sich beim plötzlichen Zurückziehen verkanten.

Paddock-Boxen

Es ist schwierig, eine ponyfreundliche Box zu finden. Boxen mit angrenzendem Paddock stellen noch eine akzeptable Lösung dar. Hierbei handelt es sich um normal große Innenboxen mit einem Durchgang zu einem Außenbereich. Dieser sollte mindestens genauso groß sein wie die Box. Auslauf kann dieses „Zimmer mit Aussicht" jedoch nicht ersetzen, auch nicht den Wälzplatz.

Wenn Ponys schon in Boxen stehen müssen, sollten sie zumindest gemeinsam mit Artgenossen täglich stundenweise Auslauf bekommen.

Die meisten Paddocks vor Boxen sind viel zu klein, um gefahrloses Wälzen zwischen eng liegenden Zäunen zu ermöglichen. Das ist der Grund, weshalb viele Stallbetreiber diese Paddocks pflastern. Der harte Untergrund hält die Pferde vom Wälzen ab und ist leichter sauber zu halten. Nachteil: Asphalt ist schlecht für die Pferdebeine und -hufe. Eine Alternative sind Gummiböden.

Ist keine Paddock-Box zu haben, kommt vielleicht noch eine Außenbox in Frage. Sie muss allerdings auf Ponymaße zugeschnitten sein. Ein Shetland Pony kann die schönste Südlage mit Ausblick auf die Weiden nicht genießen, wenn es mit dem Kopf kaum über die Tür reicht.

Abwechslung

Wenn Ponys den ganzen Tag in der Box stehen, langweilen sie sich in der Regel. Das fördert wiederum nervige und manchmal auch gefährliche Verhaltensweisen. Weben, Koppen, das Beknabbern von Futtertrog oder Trennwänden und das unkontrollierte Fressen der Einstreu sind nur einige. Deshalb muss man für Kurzweil sorgen, an erster Stelle durch regelmäßigen Auslauf und durch tägliche Arbeit unter dem Sattel oder vor der Kutsche. Sozialkontakte zu Boxennachbarn sind wichtig, ebenso eine auf möglichst viele Tagesrationen verteilte Fütterung.

Spielzeuge können helfen, Langeweile zu vertreiben. Jedoch sollte auch das immer nur eine Notlösung oder eine Ergänzung zu einem ansonsten zufriedenen Ponyleben sein. Manche Ponys beschäftigen sich stundenlang mit armdicken Hölzern, die man einfach an Stricke bindet und unter der Decke befestigt. Die Hölzer müssen natürlich ungiftig sein. Ponys schälen die Rinde gerne mit den Zähnen ab. Welches Spielzeug am besten funktioniert, muss man ausprobieren. Ponygeschmäcker sind dabei mindestens so vielseitig wie Ponycharaktere.

Einstreu

Um einstreubedingte Koliken zu vermeiden, ist es wichtig, über geeignete Einstreu nachzudenken. Am besten berät man sich mit dem Tierarzt. Manche Ponys kommen mit eingestreutem Stroh problemlos zurecht, während andere besser auf Spänen oder einer alternativen Einstreu aufgehoben sind. Ein ausreichendes Heuangebot beugt übermäßigem Einstreu-Verzehr – und somit auch Kolikgefahr – vor.

Wie viel Weide braucht ein Pony?

Wussten Sie, dass ein Fußballfeld jede Menge mit artgerechter Pferdehaltung zu tun hat? Es ist rund einen Hektar groß und entspricht somit der Weidefläche, die zwei Warmblüter pro Jahr brauchen. Ein halber Hektar pro Pferd – diese Faustregel kennen viele Reiter. Nach dem Blick auf das Fußballfeld weiß auch jeder genau, wie viel das ist. Aber gilt das eigentlich für alle Pferde? Und auch für alle Ponys? Für Shetland Ponys ebenso wie für Islandpferde?

Ponys brauchen Bewegung. Doch zu viel Gras lässt das Hufrehe-Risiko ansteigen. Deshalb sollten sie nur kontrolliert Zugang zu üppigen Weiden haben.

Für manche Ponyhalter ist der Traum vom optimalen Weidemaß längst zerplatzt. Sommerekzem, Übergewicht und Hufrehe zwingen nicht nur Shetland Pony-Besitzer zur unfreiwilligen Weide-Diät.

Ein Blick in die Heimat der Shettys genügt, um zu verstehen, warum sie üppige Weiden so oft krank machen. Sie kommen wie auch Welsh Mountain Ponys aus kargen Gebieten. Gras gibt es dort kaum. Deshalb sind diese Ponys auch so klein. Ein günstiges Verhältnis von Körpermasse und Oberfläche ermöglicht, mit wenig Nahrung zu überleben. Auf einen halben Hektar saftige Weide sind die Kleinen nicht eingestellt, obwohl sie das ganze Gras natürlich begeistert fressen würden. Und genau das ist gefährlich.

Risiko Fruktan

Ein Risikofaktor ist Fruktan, ein langkettiger Zucker, der im Mai, aber auch im Oktober und November in hoher Konzentration im Weidegras vorhanden ist. Zu dieser Zeit drohen vermehrt Hufrehe und andere Stoffwechselerkrankungen. Eine Studie der Tierärztlichen Hochschule Hannover besagt, dass 7,5 Gramm Fruktan pro Kilogramm Körpergewicht ausreichen, um Rehe auszulösen. Das passiert bei einem Pony folglich viel schneller als bei einem Großpferd – schon nach dem Verzehr der halben Grasmenge. Da hilft nur, die Menge zu reduzieren, so wie es Profis tun. So lassen beispielsweise viele Züchter ihre Ponys nur auf abgefressene Weiden, auf denen vorher Großpferde standen. Wer keine karge Weide hat, muss die Weidezeit begrenzen, um ernährungsbedingten Schäden vorzubeugen.

Ein halber Hektar Weide pro Pferd ist im Prinzip gut berechnet, wobei hierbei die Nutzung über das ganze Jahr – inklusive Heuschnitt – gemeint ist. Und: Die Pflege der Koppel ist entscheidend. Eine vernachlässigte Weide liefert weitaus weniger brauchbare Nahrung als eine gepflegte.

Mit der Pflege eines halben Hektars ist es jedoch nicht getan. Da Ponys nicht alleine gehalten werden sollten, sondern mindestens einen – besser sogar mehrere – Artgenossen

Weidepflege

	Was ist auf der Weide los?	*Was ist zu tun?*
Winter (Dezember bis März)	Im Winter ist auf den meisten Weiden Ruhezeit. Nur wenn es Pferde gewohnt sind und der Boden durchgefroren ist, dürfen sie auf die Weide.	Düngen, Kalken: je nach Bodenbeschaffenheit und Bodenanalyse. Gehölze an Weiderändern zurückschneiden.
Frühjahr (April bis Juni)	Im Frühjahr ist Anweidezeit. Die Umstellung von rohfaserreichem Heu und Stroh zu rohfaserarmem, proteinreichen Grünfutter muss schrittweise erfolgen. Vorsicht! Im Mai enthält Gras die meisten Fruktane, Hufrehegefahr!	Zäune und Wasserstellen checken, Anweidekoppeln absperren.
Sommer (Juni bis September)	Sommer heißt Weidesaison. Wichtig: Koppeln zügig wechseln; Geilstellen (hochstehende, wenig schmackhafte Gräser) ausmähen.	Ausmähen oder Mulchen der Weide (Mulchen: gleichzeitiges Abmähen und Zerkleinern des Bewuchses). Achtung: Wartezeit nach dem Mulchen mindestens vier Wochen. Besser: Mulcher mit Auffangvorrichtung einsetzen, dann entfällt die Wartezeit. Zwischendüngung mit Volldünger nach Bodenanalyse. Achtung: Wartezeit mindestens sechs Wochen. Nachweiden durch Kühe oder Schafe: keine Wartezeit.
Herbst (September bis November)	Im Herbst endet die Weidesaison. Der Oktober ist einer der trockensten Monate und lässt aufgrund hoher Fruktangehalte im Gras die Rehegefahr steigen. Das gilt auch noch für den November.	Abschleppen der Koppeln (bringt Luft an die Grasnarbe), Nachsähen und Abrollen.

brauchen, fällt mindestens ein Hektar an. Und wieder hat man als Stallbetreiber bei der Grünflächenpflege jede Menge mit den Rasen-Spezialisten auf dem Fußballfeld gemeinsam.

Gut für den Kopf

Aus Angst vor Krankheiten ganz auf Weidegang verzichten darf man jedoch nicht, denn angemessener Weidegang ist ausgesprochen wichtig für die Psyche eines Ponys. Die meisten Pferde galoppieren auf dem Platz und in der Halle nie längere Strecken geradeaus. Das müssen sie auf der Koppel nachholen. Weidegang ist deshalb doppelt artgerecht, ohne ihn sinkt nachweislich die Leistungsbereitschaft des Ponys.

Viel Fläche ist wichtig für die Bewegung. Für die Ernährung ist die Weidezeit entscheidend. Und die wird individuell angepasst. An die Rasse, die Witterung und die körperlichen Leistungen des Ponys. Es ist eine gute Alternative, Ponys abwechselnd auf üppige und bereits abgefressene Weiden zu stellen.

Manchmal hilft nur ein Maulkorb, um einem Nimmersatt Einhalt zu gebieten. Fressen Ponys zu viel Gras, steigt das Rehe-Risiko schnell an.

Gemischte Gruppen

Pferde sind Herdentiere und Ponys natürlich auch. Aber können beide zu einer Herde gehören? Was passiert, wenn ein über 1,90 Meter großes Shire Horse gemeinsam mit einem 80-Zentimeter-Shetty zusammensteht? Nichts, wenn sich alle Herdenmitglieder gut verstehen. Eine ganze Menge, wenn es eine unklare Rangfolge und Streitigkeiten gibt. Gemischte Gruppen bedürfen daher einer gut überlegten Zusammenstellung.

Herdenhierarchie

In der Natur leben Pferde meistens in Familienverbänden. Oft sind es mehrere Stuten, ihre Fohlen und ein Hengst. Ein Verband besteht in der Regel aus rund zehn Tieren. Sind es mehr, was durchaus vorkommt, bilden sich Untergruppen.

Jedes einzelne Pferd nimmt innerhalb der Herdenhierarchie einen festen Platz ein. Hierbei spielen das Alter, soziale Kompetenz und auch die Größe eine Rolle. Größeren und schwereren Pferden trauen die anderen Herdenmitglieder in der Regel mehr zu. Ein ordentliches Kaliber steht für körperliche Fitness und hohe Erfolgschancen beim Kampf um Futter und Wasser. In diesem Punkt würde ein kleines Pony gegenüber einem größeren Artgenossen folglich erstmal in Beweisnot geraten.

Doch in Herden gibt es auch noch andere Positionen, und bei denen ist das Alter oft viel wichtiger als die Größe. Beim Aufsuchen guter Futter- und Wasserstellen trauen die Herdenmitglieder zum Beispiel erfahrenen Pferden am meisten zu. Hier können Ponys punkten. Wenn sie schon älter sind, folgen ihnen die Größeren oft auf dem Huf.

Da die Pferdeherde am Reitstall eine künstlich zusammengestellte Gruppe ist, entscheidet auch die Dauer der Zugehörigkeit zur Herde über den Status. Wer neu dazukommt, muss sich hinten anstellen, egal, ob Pony oder Großpferd. Das begünstigt natürlich auch Aggressionen, die in der Natur weitaus seltener vorkommen.

Brennpunkte

Umso kleiner der zur Verfügung stehende Platz ist, desto brenzliger ist die Situation. Frei lebende Pferde finden sich in Populationsdichten von 0,1 Pferden bis hin zu elf Pferden pro Quadratkilometer. Auf den Ausläufen der meisten Reitställe sind es wohl eher zehn Pferde auf einem 20 x 40-Meter-Platz. Das ist ganz schön eng. Prallen jetzt Ponys und Großpferde aufeinander, kann es gefährlich werden. Denn die Kleinen meiden Auseinandersetzungen mit körperlich überlegenen Pferden nicht unbedingt instinktiv. Der Angriff eines 600-Kilogramm-Rosses hat nicht selten fatale Folgen. Angriffsbereite Großpferde sollten deshalb nie in Gruppen mit kleinen Ponys stehen.

Ein weiterer Brennpunkt sind die Futterplätze. Sind auf engem Raum nur wenige Futterstellen vorhanden, die sich wiederum viele Pferde und Ponys teilen müssen, besteht extreme Konfliktgefahr. Beim Gerangel ums Futter ziehen die Kleinsten meist den Kürzeren. Weichen sie nicht zurück, kommt es leicht zu Verletzungen. Auf großen Flächen mit einem ausreichenden Futterangebot und weitläufiger Verteilung der Futterplätze geht es viel entspannter zu. Rundraufen entschärfen die Situation. Das gilt für alle Futterstellen, die den Pferden und Ponys ermöglichen, nach vorne auszuweichen.

Auch die Zugänge zum Auslaufbereich sind konfliktträchtig. Allerdings nur dann, wenn sie zu eng sind. Man sollte immer auf breite Ein- und Ausgänge achten, durch die auch mehrere Pferde und Ponys nebeneinander passen. Die seitlichen Begrenzungen der Zugänge dürfen keine scharfen Kanten aufweisen, an denen sich Pferde verletzen könnten. Engpässe sollte es im gesamten Auslaufbereich keine geben. Je weniger sich Pferde in Ecken drängen können, desto weniger passiert.

Freundschaften

Freunde stehen auffallend dicht beieinander. Sie dulden eine extrem geringe Individualdistanz, was bei neutral zueinanderstehenden Herdenmitgliedern selten ist. Gegenseitige Körperpflege ist ein sicheres Indiz dafür, dass die Chemie stimmt. Pferde und Ponys, die gemeinsam aufgewachsen sind, gehen oft lebenslange Freundschaften ein. Stuten tendieren eher dazu als Hengste und Wallache. Neben der Beziehung zum Lieblingskumpel unterhalten Pferde noch andere Freundschaften, allerdings in unterschiedlicher Ausprägung. Reine Zweierbeziehungen sind eher die Ausnahme.

Interessanterweise fliegen zwischen befreundeten Pferden und Ponys viel öfter die Fetzen. Allerdings mit weitaus weniger ernsthaften Folgen als bei Pferden, die keine Freundschaften miteinander pflegen. Wenn ansonsten neutral gestimmte Herdenmitglieder aufeinander losgehen, wird es ernst.

Pony- und Pferdefreundschaften überdauern sogar Jahre der Trennung. Es gibt viele Beispiele für unzertrennliche Duos, die sich nach langer Zeit wiedersahen und sofort wieder ein Team bildeten. Das Gleiche gilt allerdings auch für Feindschaften. Ponys, die sich nicht leiden können, bewahren diese Abneigung manchmal über Jahre hinweg.

Warmblüter und Haflinger als eingeschworenes Team. Neuzugänge haben es hier schwer.

Ausbrecher-Könige

Ist der Zaun zu hoch, schlüpfen sie einfach darunter hindurch. Ist er zu niedrig, springen sie darüber. Ponys hören außerdem genau, wann der Strom an- oder ausgestellt ist. Tickt nichts im Elektroband, sind sie schneller durch, als man gucken kann. Kleine Pferde sind Ausbrecher-Könige. Somit bleibt kaum eine andere Wahl, als den Offenstall, alle Ausläufe und Weiden in einen Hochsicherheitstrakt zu verwandeln. Fort Knox heißt die Devise.

Zäune sind ein beliebtes Ziel kleiner Ausbrecher, aber sie nehmen es auch mit Toren und Türen auf. Hebel umlegen oder hochziehen? Riegel verschieben? Kein Problem für die meisten Ponys. Selbst Zuknoten mit Stricken versagt, Ponys machen Entfesslungskünstler Houdini alle Ehre. Da helfen nur Doppelt- und Dreifachsicherungen und Schlösser, bei denen Pferdezähne keine Chance haben, (zum Beispiel Fahrrad-Ringschlösser).

Reine Unterhaltung

Doch warum brechen Ponys überhaupt aus? Das liegt meistens weniger an dem Gefühl, eingesperrt zu sein, als vielmehr an dem hohen Unterhaltungsfaktor des Ausbruchs. Ausbrechen ist eine Herausforderung. Es macht Ponys Spaß, ihre Pfiffigkeit zu beweisen. Wenn ein Pony von einer saftigen Weide auf eine andere wechselt, obwohl das Nahrungsangebot gleich ist, kann es keinen anderen Grund für den Aktionismus geben.

Bei Boxenhaltung tritt das Problem noch viel öfter auf. Da liegt die Ursache allerdings auf der Hand: Die eingesperrten Ponys langweilen sich und untersuchen mit Nüstern und Lippen die Box. Stoßen sie dabei auf einen griffigen Riegel oder ein Schloss, wird daran herumgespielt. Öffnet sich die Tür dann zufällig, ist das ein Erfolg, den das Pony gerne wiederholt…

Notstände

Manchmal ist auch ein echter Notstand schuld am Ausbruch. Zum Beispiel, wenn Ponys auf einer abgefressenen Weide stehen und in Sichtweite eine fette Wiese lockt. Hunger lässt den Respekt vor Elektrolitzen auf ein Minimum sinken. Augen zu und durch, denken sich wohl vorwitzige Ponys und ebnen dem Rest der Herde mit gezieltem Vorpreschen den Weg.

Diese Form der Ausbrüche lässt sich durch ein artgerechtes Haltungs-Management gut vermeiden.

Ziemlich sicher: ein Holzzaun mit E-Litze

Das hilft

Sehr viel schwieriger ist es, wenn ein Pony Ausbrechen zu seinem absoluten Lieblingssport erklärt hat.

Doch auch dann muss man agieren, und zwar unbedingt. Einmal, um das Pony zu schützen. Zum anderen, weil im Schadensfall möglicherweise die Haftpflichtversicherung streikt und der Ponybesitzer empfindlich zur Kasse gebeten wird. Riegel sollten auf jeden Fall durch einen schwer erreichbaren Zweitriegel ergänzt werden. Viele herkömmliche Schlösser lassen sich mit einem Metall-Splint ausbruchssicher umrüsten. Auch eine kleine Kette, die sich an einem Ende in einer Metallschiene fixieren lässt, kann helfen. Sie wird zusätzlich zum Innenriegel außen am Tor angebracht.

Was die Zäune angeht, gilt folgende Faustregel: 0,8 bis 0,9 Mal die Widerristhöhe – so errechnet sich die Mindesthöhe. Darüber hinaus sollte der Zaun weithin sichtbar sein. Denn dann kommt zum materiellen Hindernis noch ein visuelles, und das erhöht die Hemmschwelle.

Zäune, die ausschließlich aus Elektroband bestehen, sind weniger ausbruchssicher als Holzzäune mit kombinierter E-Litze. Wenn man allerdings einen Zaun mit drei Breitband-Litzen ausstaffiert und für einen zuverlässigen Stromkreislauf sorgt, sind auch Elektrozäune tauglich. Das sehen sogar viele Versicherungen so.

Schutzzonen sind ebenfalls sinnvoll. Ausbrecherkönige sollten nie direkt Zugang zu Ausgängen oder dem Außengelände finden, wenn sie wieder einmal ein Schloss geknackt haben. Notfalls vor der Box einen zusätzlichen umzäunten Paddock einrichten oder rund um den Auslauf mit zwei Zaunsystemen arbeiten.

Achtung: Verwenden Sie nie Holzzäune ohne E-Litze oder solche, deren Balken sich mit dem Rücken nach oben drücken lassen. Das finden Ponys sofort heraus und hebeln das Ganze mit einem kräftigen Druck aus den Angeln. Dass ihnen dabei unter Umständen etwas auf den Rücken poltert, lässt sie völlig kalt. Bei Boxen und Ausläufen ist vor allem auf eine sichere Verriegelung von Türen und Toren zu achten.

Manche Ponys stecken sich gegenseitig an und brechen aus Langeweile aus.

Hilft es, Stricke zu knoten? Eine schlechte Idee, denn geschickte Ponyzähne knabbern selbst die dicksten Knoten innerhalb von wenigen Minuten auf. Thema Panikhaken? Viele Ponys lernen im Handumdrehen, den unteren Bereich des Hakens herunterzuziehen und ihn zu öffnen. Es ist besser, einen Panikhaken mit drehbarem Unterteil zu verwenden. Den bekommen die meisten Ponys nicht so einfach auf.

So legen Sie kleinen Ausbrecher-Königen das Handwerk

- Türverriegelungen wählen, bei denen Pferdezähne keine Chance haben.
- Schutzzonen einrichten, die keinen Zugang zum Außenbereich ermöglichen.
- Zäune sollten mindestens 0,8 Mal die Widerristhöhe hoch sein.
- Holzzäune mit innen liegenden Stromlitzen als Umzäunung wählen.
- Wichtige Tore mit Fahrrad-Ringschlössern verschließen.
- Riegel mit Splinten sichern, damit sie das Pony nicht verschieben kann.

Wasserversorgung

Das Thema Wasser verbindet alle Pferdebesitzer. Folglich sollte jeder mit dem Thema vertraut sein. Doch die Realität sieht anders aus. Da schimmern blau-grüne Algen in alten Badewannen. Im Bachlauf an der Weide blubbert gräulich-weißer Schaum zwischen angeschwemmten Blättern. Aus der automatischen Tränke kommt nichts außer einem leisen Zischen. Die Temperatur im fahrbaren Wassertank dürfte bei Sonneneinstrahlung über 40 Grad betragen.

Ganz klar: Wasserschleppen ist nicht die bequemste, aber die preiswerteste Methode. Tränkgefäße wie Mörteltonnen sind billig und schnell besorgt. Deshalb sieht man sie auch an so vielen Reitställen. Nachteil: Die Tonnen kippen leicht um und sind ruckzuck leer – vor allem, wenn sich mehrere Ponys darüber hermachen. Dann ist es besser, größere und standfeste Weidetränkebecken aus Kunststoff zu kaufen. Auch Badewannen sind nach wie vor im Trend, weil sie meistens gar nichts kosten und viele Liter Wasser fassen. Doch auch bei ihnen hakt es: an ihren scharfen Metallkanten und an der Reinigung, die täglich fällig ist. Speisereste, Kot, Urin oder Insekten verwandeln die Wasserquelle sonst in eine giftige Brühe. Hinzu kommen schmierige Algenteppiche – ideale Bedingungen für Bakterien wie E.coli, Streptokokken, Salmonellen oder Druse- und Hustenerreger. Deshalb sehen Mediziner rot, wenn Ponys aus verschmutzten, offenen Behältern saufen. Vogel- und Mäusekot können Parasiten und Krankheiten übertragen oder Allergien auslösen.

Die Größe der Tränke richtet sich auch nach der Ponyzahl. Wem das Eimerschleppen zu viel wird, der sollte sich Gedanken über einen eigenen Brunnen oder einen Anschluss an die Trinkwasserversorgung machen.

Besser sind Tanksysteme und Tränkwagen. Aber auch die haben ihre Tücken. Lichtdurchlässigkeit und mangelnde Hygiene machen sie zur Keimschleuder. Bei starker Sonneneinstrahlung kochen die Temperaturen im Tank hoch. Lichtundurchlässige Tränkwagen, regelmäßig gereinigt und mit frischem Wasser gefüllt, bringen mehr. Aber man braucht ein Zugfahrzeug, um sie zu bewegen, und eine befahrbare Weide.

Brunnen

Eimerschleppen oder Tankwagen kutschieren? Weshalb nicht einfach ganz zentral einen Brunnen bauen? Kein Problem, wenn der Grundwasserspiegel nah und eine Genehmigung der Wasserbehörde möglich ist. Das Brunnenbohren übernimmt am besten eine Fachfirma, wobei die Kosten von der Bohrtiefe abhängen und sich schnell auf bis zu 2.000 Euro belaufen. Ist der Brunnenschacht gebohrt, muss eine Pumpe her, zum Beispiel eine handbetriebene Kolbenpumpe. (Nicht zu verwechseln mit Kolbenweidepumpen. Die kommen aus der Rinderhaltung und sind für Pferde aufgrund ihrer Schwergängigkeit ungeeignet.) Diese hat den Nachteil, dass sie nicht an ein automatisches Tränkensystem angeschlossen werden kann. Mehr Druck liefern von Windkraft oder Sonnenenergie betriebene Pumpen, aber leider drücken Alternativenergien auch stärker auf die Geldbörse.

Pfützen machen krank

Ein absolutes No Go ist das Tränken aus Pfützen und Tümpeln. Im stehenden Wasser lauern Keime und Parasiten wie Würmer und Leberegel. Im schlimmsten Fall sogar eine tödliche Gefahr: Blaualgen. Da sind Seen und Bäche schon besser, aber auch nur im Ausnahmefall, denn die Überwachung der Wasserqualität ist schwierig. Oft ist die Belastung mit Düngemittelrückständen und Umweltgiften hoch. Außerdem ist der Bau einer natürlichen Tränke aufwendig: Untergrund befestigen, Zugang bauen und Umzäunen – das kostet Zeit und Geld.

Unterirdisch

Ins Geld geht der Bau eines Wasserleitungsnetzes mit Anschluss an die öffentliche Wasserversorgung auch. Dennoch ist dies die beste Methode, reines Wasser zu bekommen. Hier garantiert das Wasserwerk die Qualität. Gekoppelt mit Selbsttränken ist ein solches Netz eine wartungsarme Sache. Doch vor dem Genuss kommt die Leitungsverlegung, und einen Rohrgraben hebt man nicht ohne schweres Gerät aus. Mindestens 80 Zentimeter tief geht es unter die Erde, sonst nagt vielleicht schon im nächsten Winter der Frost am neuen Leitungssystem. Tipp: PE-Rohre sind stabil und preiswert, dabei leicht zu verarbeiten. Wer vor dem Bau genau plant, spart nicht nur Geld, sondern vereinfacht die Wartung des Tränkensystems. Ein Absperrhahn für jede Parzelle ist praktisch. Wer Aufwand und Kosten einer solchen Anlage scheut, muss trotzdem nicht beim Eimer bleiben. Man kann auch einen Gartenschlauch verlegen und an automatische Tränken anschließen.

Wieviel trinkt ein Pferd?

- Pferde trinken zwischen 20 und 60 Liter Wasser am Tag.
- Umso wärmer es ist, desto höher ist der Flüssigkeitsbedarf. Im Sommer suchen Pferde bis zu 20 Mal täglich die Tränken auf, im Winter durchschnittlich nur drei- bis fünfmal.
- Körperliche Anstrengung und Schwitzen erhöhen den Wasserbedarf.
- Pferde können nicht auf Vorrat trinken wie Kamele. Sie müssen mehrmals täglich saufen, um die Verdauung in Gang zu halten.
- Wenn ein Pferd zu wenig trinkt, erhöht das die Verstopfungs- und somit die Kolikgefahr.
- Pferdesenioren trinken weniger als junge Pferde, brauchen aber mehr Flüssigkeit. Sie sollten immer Zugang zu frischem Trinkwasser haben. Sonst droht Dehydration mit Kreislaufzusammenbruch.

Offene Behälter müssen täglich gereinigt und mit frischem Wasser aufgefüllt werden. Andernfalls verkeimen sie und werden zu einem echten Gesundheitsrisiko für die Ponys.

Qualitätsheu

Schlechtes Heu ist gefährlich. Unter anderem drohen schwere Atemwegserkrankungen und tödlich verlaufende Koliken. Übrigens gilt das nicht nur für Ponys. Jeder, der Gammelheu einatmet, ist von asthmatischen Erkrankungen bedroht, die Schimmelpilze im Heu auslösen können. Da hochwertiges Heu das wichtigste Nahrungsmittel für artgerecht gehaltene Ponys ist, sollte man bei der Auswahl äußerst kritisch sein und nur Top-Ware akzeptieren.

Kaum zu glauben, dass krank machendes Heu einfach so verkauft werden darf. Das ist auch nicht so. Der Fouragehändler haftet rechtlich für seine Ware. Ist sie nachweislich schlecht, muss er sie umtauschen. Erkrankt ein Pony nach dem Verzehr oder stirbt sogar, muss der Händler für die entstandenen Kosten und den Verlust aufkommen, vorausgesetzt, der Zusammenhang zwischen dem Gammelheu und der Erkrankung steht außer Frage.

Diesen Zusammenhang kann man durch einen amtlichen Probennehmer abklären lassen. Es ist aber auch möglich, selbst – unter Anwesenheit eines unabhängigen Zeugen – eine Heuprobe zu entnehmen (mit einer Kamera dokumentieren!) und testen zu lassen. Hat man den Verdacht, dass das Pony aufgrund des schlechten Heus erkrankt ist, sollte man auf jeden Fall vom Tierarzt eine Blutprobe entnehmen lassen. Veränderte Leberwerte und andere Ergebnisse sind später wBeweismittel.

Fällt ein Händler durch wiederholte Gammelheu-Lieferungen auf, kann übrigens auch eine Futtermittelkontrolle beim Veterinäramt beantragt werden. Da Pferde Nutztiere sind, unterliegt ihre Fütterung einem Mindestqualitätsanspruch.

Doch damit sind die Probleme nicht wirklich gelöst. Wer seinem Futterhändler nicht vertraut, muss eine andere Quelle für qualitativ hochwertiges Heu finden. Nur wo?

Heu ist für viele Ponys das Hauptfuttermittel. Auf Qualität kann man hier nicht verzichten.

Gibt es Bio-Heu? Hier muss man vorsichtig sein, denn wo weder Dünger noch Pestizide zum Einsatz kommen, sprießen auch Unkräuter und Giftpflanzen ungestört. „Artenreiches Kräuterheu" kann dann auch bedeuten, dass Jakobskreuzkraut oder Herbstzeitlosen enthalten sind. Im Heu sind sie aber ebenso hochgiftig wie auf der Wiese. In entsprechenden Mengen aufgenommen, führen sie zu Leberschäden, Koliken und Huferkrankungen. Umso später gemäht wird, desto mehr Gift steckt womöglich im Heu.

Risiko Großballen

Ist es wirklich so schwierig, an gutes Heu zu kommen? Nicht, wenn man es selbst macht. Der Einkauf hingegen ist und bleibt ein Risikogeschäft.

Aus Kostengründen satteln viele Landwirte auf Großballen um. Aber: Gutes Heu muss ausschwitzen. Kein Problem bei kleinen, locker gepressten Ballen. Aber bei Rundballen? Schier unmöglich. Sie sind ein idealer Nährboden für krank machenden Staub und Schimmelpilze. Besonders dann, wenn sie auch noch mit Plastik abgedeckt draußen lagern.

Kleine Heuballen sind somit großen vorzuziehen. Aber auch sie müssen mit Knowhow hergestellt, transportiert und gelagert werden. Lose aufgelegte oder mit Niederdruck gepresste Ballen wären ideal – sind aber kaum noch zu bekommen. Deshalb zugreifen, wenn jemand Heu anbietet, das mit einer Kaltluftanlage oder zumindest unter einem Dach in aller Ruhe austrocknen konnte.

Das Gewicht des Heuballens sagt einiges über seine Qualität aus. Wurde das Heu zu tief geschnitten, enthält es viel Erde und das bringt jede Menge zusätzliches Gewicht auf die Waage. Gut für den Geldbeutel des Anbieters. Schlecht für den Käufer, der seinem Pony Schmutz und Staub statt Heugenuss beschert. Auch zu viel Feuchtigkeit im Ballen macht ihn schwer.

Mogelpackung

Neben dem sogenannten Hygienestatus zählt auch der Futterwert: Der Nährwert des Heus kann stark variieren. Ein später erster Schnitt, der Mitte Juli erfolgt, hat kaum noch Nährwert. Dann ist es besser, einen guten zweiten Schnitt zu kaufen. Der darf allerdings wiederum nicht zu kurz und weich sein, sonst drohen Schlundverstopfungen und Koliken. Rieselt der Ballen beim Öffnen wie Rasenschnitt auseinander, ist das Heu ungeeignet, auch wenn es sich weich anfühlt und duftet.

Die Überprüfung der Qualität ist ein Muss bei jedem Heukauf. Daher ist es besser, die Ware nie in Abwesenheit anliefern und einräumen zu lassen.

Gutes Heu duftet aromatisch, hat lange Halme und eine schöne grüne Farbe.

Und woran erkennt man gutes Heu? Zum einen an seiner grünen Farbe. Die kann zwar im Ton variieren, aber gelbe, graue oder braune Ballen lassen sich selbst mit den gewieftesten Händler-Ausreden nicht rechtfertigen. Das nächste Qualitätsmerkmal ist der Duft. Steigt beim Dufttest muffiger Schimmelgeruch in die Nase, handelt es sich um Gammelheu. Und auf keinen Fall vergessen, mindestens einen Ballen zu öffnen. Kräftig aufschütteln und auf die Staubbildung achten. Macht sich jetzt Niesreiz breit: Finger weg vom Heu.

Heu-Test: Step by Step

	Gutes Heu	Schlechtes Heu
Farbe	grün	gelb, braun oder gräulich
Geruch	duftet aromatisch	riecht muffig oder schimmelig
Gewicht der Ballen im Verhältnis zur Größe	erscheint normal	ist auffallend schwer
Ballen öffnen und ausschütteln	staubt nicht, ist griffig, hat einen relativ langen Halm	staubt beim Aufschütteln, ist sehr weich, hat sehr kurze Halme

Pony-Pflege – weniger ist mehr

Ponys herauszuputzen macht Spaß. Die üppigen Mähnen erreichen beim Bürsten ein tolles Volumen und auch die buschigen Schweife sehen gestylt super aus. Doch trotz allem sollte man seine Putzwut im Zaum halten. Zu viel Styling ist für Ponys schädlich, vor allem für robuste Zeitgenossen, die immer draußen leben. Auf eine solide Basispflege darf man allerdings auch nicht verzichten. Es gilt, ein ponygerechtes Mittelmaß zu finden.

Ponys sind zwar kleiner als Großpferde, dafür gibt es an ihnen aber mehr zu putzen. Daran zweifelt wohl niemand, der schon einmal ein Pony gebürstet hat. Es mag daran liegen, dass viele Ponys in Robusthaltung leben. Hemmungsloses Wälzen auf dem sandigen Auslauf ist an der Tagesordnung. Grasflecken sind ebenso normal wie Schlammspritzer bis unter den Bauch und verschmutzte Hufe. Sauberkeitsfanatiker mag das stören, doch Ponyfreunde wissen beim Blick in die glänzenden Knopfaugen, dass es ihrem kleinen Freund gut geht. Und das ist die Hauptsache.

Ein bisschen Schmutz ist gesund. Eine sinnvolle Basispflege brauchen aber auch Ponys.

Hufpflege

Also, Halfter drauf, Putzkiste geholt und losgelegt, schließlich soll das Pony gepflegt aussehen. Zuerst sind die Hufe dran. Einer nach dem anderen wird vorsichtig seitlich des Strahls gesäubert, immer zur Spitze des Strahls hin. Die empfindlichen Strahlfurchen dürfen keinen Schaden nehmen, weshalb man auf scharfkantige Hufauskratzer besser verzichtet und stattdessen abgerundete Modelle nimmt. Sind die Hufe stark verschmutzt, reinigt man sie mit einer harten Bürste oder spritzt sie mit dem Schlauch ab. Öl oder Fett sind meistens überflüssig, außer der Hufschmied rät ausdrücklich dazu. Normalerweise brauchen Ponyhufe keine zusätzliche Feuchtigkeit. Bei einer artgerechten Haltung nimmt das Horn Morgentau und Regenwasser auf. Bei in Boxen gehaltenen Ponys, die auf Spänen stehen, sieht das allerdings anders aus: Späne trocknen das Hufhorn aus. Wird es spröde, muss ein künstlicher Feuchtigkeitsausgleich her. Bei den meisten Ponyhufen reicht übrigens Raspeln und Schneiden etwa alle sechs bis acht Wochen. Geht das Pony regelmäßig vor der Kutsche oder über viel Asphalt, kann ein Beschlag erforderlich sein. Neben dem klassischen Beschlag mit Metall-Hufeisen kommen alternativ vielleicht auch Kunststoffbeschläge oder Hufschuhe infrage.

Body-Wellness

Nach den Hufen ist der Körper dran. Am besten streicht man mit dem runden Gummistriegel in kreisenden Bewegungen über das Fell, um groben Schmutz zu lösen. Ziert den Körper eine angetrocknete Schlammkruste, ist es besser, den Gummistriegel erst von oben nach unten zu ziehen, damit der Schmutz zu Boden fällt. Kreisende Bewegungen wirbeln dann zu viel Staub auf.

Beim nächsten Putzgang kommen Nadelstriegel und Wurzelkardätsche zum Einsatz. Je nach aktuellem Schmutzstand entweder erst der Nadelstriegel oder gleich die Kardätsche. Zum Abschluss sorgt eine Kardätsche mit weichen Naturborsten für ein glänzendes Finish.

Beine und Kopf

Eine weiche Bürste ist auch die richtige Wahl für die Beine. An knochigen Bereichen dürfen nie harte Bürsten zum Einsatz kommen. Mit einer weichen Bürste dauert es zwar etwas länger, bis angetrockneter Schlamm entfernt ist, aber es funktioniert.

Da viele Ponys üppige Kötenbehänge haben, ist auch hier Zusatzpflege angebracht. Die Köten nie abschneiden! Sie schützen die empfindlichen Fesselbeugen vor Schmutz und Nässe. Falls sie mit feuchtem Schmutz verklebt sind, bürstet man sie aus. Tipp: Mit einer ganz normalen Haarbürste lassen sich die Kötenbehänge toll aufbürsten. Dann sehen sie besonders buschig aus.

Jetzt kommt der Kopf an die Reihe. Hier ist sanfter Bürsteneinsatz gefragt, am besten mit einer kleinen, handlichen Bürste mit weichen Borsten. Hektische Bewegungen können das Pony kopfscheu machen, daher arbeitet man langsam.

Den Augen- und Nüsternbereich spart man großzügig aus. Sind hier Verschmutzungen, kann man sie mit einem feuchten Schwamm abwischen. Aber bitte nicht mit demselben, sondern man nimmt einen für die Augenwinkel und einen für die Nüstern. Unterschiedliche Schwammfarben beugen Verwechslungen ganz einfach und effizient vor.

Mähne und Schweif

Die meisten Ponys sind mit üppigen Mähnen und Schweifen gesegnet. Robustes Haar kann man mit einer Wurzelbürste bearbeiten, seidiges besser vorher mit den Fingern verlesen. Ein Fellpflegespray erleichtert die Arbeit und kann in der Regel bedenkenlos auf Mähne und Schweif aufgetragen werden. Allerdings ist es besser, nicht unnötig viel auf dem Körper zu verwenden. Die Wirkstoffe, die das Fell so schön glänzen lassen, machen es durchlässiger für Nässe. Manche Ponys reagieren auch allergisch darauf.

Express-Pflege

Ein tägliches Rundum-Putz-Programm ist nicht immer zwingend erforderlich. Wenn es mal schnell gehen soll, reicht es auch, die Hufe auszukratzen, mit einer Wurzelkardätsche Sattel- und Gurtlage gründlich zu reinigen und das Langhaar kurz mit der Hand zu ordnen. Hartnäckige Mist- und Grasflecken entfernt man recht schnell mit einem feuchten Schwamm und etwas Shampoo: Shampoo einmassieren, auswaschen und trocknen.

Auf Hilfsmittel wie Fell-Staubsauger sollte man besser verzichten. Bei robust gehaltenen Ponys darf ruhig etwas Staub im Fell sein.

Dicke Ponymähnen verlocken zum Striegeln und Bürsten.

Zahnpflege

Rund 80 Prozent aller Pferde leiden an Zahnproblemen, darunter sind auch viele Ponys. Allerdings sind Ponys aus artgerechter Haltung mit ausreichendem Raufutterangebot wesentlich seltener beim Zahnarzt als in Boxen gehaltene Großpferde. Warum? Weil es bei der Robusthaltung weitaus mehr Möglichkeiten gibt, die Zähne gesund zu erhalten. Trotzdem sollten auch Ponys einmal jährlich zum Zahn-Check.

Hartfasrige Gräser, Baumrinden, Heu und Stroh sind das reinste Fitness-Training für die Zähne. Wildpferde verbringen bis zu 18 Stunden täglich mit der Nahrungsaufnahme. Dabei zerkauen sie viele harte Halme. Das sorgt für einen gleichmäßigen Gebissabrieb. Bekommt ein Pferd nur Müsli, Quetschhafer oder anderes mechanisch aufbereitetes Futter, haben die Zähne nicht viel zu tun. Die Nahrung ist oft so weich, dass die natürliche Abnutzung der Zähne minimal ist. Kommen noch knapp portionierte Heurationen und wenig Weidegang hinzu, sind Zahnprobleme vorprogrammiert.

Regelmäßige Zahnkontrolle

Auch artgerecht gehaltene Ponys sollten mindestens einmal pro Jahr zum Zahn-Check, da es auch bei ihnen hin und wieder scharfe Zahnkanten gibt, die Verletzungen der Maulschleimhaut verursachen. Bei älteren Ponys kommen häufig Zahnstein und Karies hinzu. Karies ist eine direkte Folge von unbehandeltem Zahnstein, den man an den gräulichen Ablagerungen am Zahn erkennt.

Neben Pferdesenioren sind junge Ponys ab zwei Jahren die häufigsten Kunden beim Zahnarzt. Meistens, weil das nachschiebende Erwachsenengebiss Hilfe beim Abstoßen der sogenannten Kappen braucht. Das sind Überbleibsel der abgenutzten Milchzähne.

In Offenställen mit einem größeren Ponybestand droht ein weiteres Risiko: Zahnfrakturen durch den Tritt eines Artgenossen. Beschädigte Zähne müssen nicht unbedingt raus, bedürfen aber der Beobachtung. Manchmal entzünden sie sich oder führen zu einer unregelmäßigen Abnutzung des restlichen Gebisses. Dann muss der Pferdezahnarzt helfen.

Der Pferdedentist sucht nach scharfen Ecken und Kanten.

Symptome

Auch wenn der Zahncheck ohnehin zum festen Jahres-Programm gehört, sollte jeder Ponybesitzer auf Symptome achten, die für Zahnprobleme sprechen. Typisch sind Nahrungsverweigerung, Abmagerung und umständliches Herumkauen an Leckerchen. Alarmzeichen sind auch kleine, gedrehte Heuwürstchen, die aus dem Maul fallen. Meistens stecken Zahnspitzen und scharfe Kanten dahinter. Die können sich auch auf den Reitkomfort auswirken. Viele Ponys verweigern sogar das Auftrensen, wenn sie Zahnprobleme haben.

Was macht der Zahnarzt?

Kommt es zu Abwehrreaktionen und Abmagerung, ist der Zahnarzt-Besuch überfällig. Regelmäßige Routine-Checks sind die beste Vorbeugemaßnahme.

Dabei kontrolliert der Zahnarzt alle Zähne, die Maulschleimhaut und die Zunge. Scharfe Kanten werden abgeraspelt. Einige Tierärzte nehmen hierfür eine Handraspel, was allerdings sehr viel Kraft kostet. Andere bevorzugen Elektroraspeln. Das geht zwar schneller, erfordert aber besonders präzises Arbeiten, damit nicht zu viel entfernt wird.

Zahnfrakturen lassen sich ebenfalls durch Abschleifen versorgen, vorausgesetzt, es handelt sich um einen horizontal abgebrochenen Zahn. Dabei gilt es vor allem, den gegenüberliegenden Zahn zu kürzen, weil er keinen Gegenspieler mehr hat. Längsbrüche sind komplizierter. Da sie zu Vereiterungen neigen, bleibt oft keine andere Lösung, als den Zahn zu ziehen. Bei Schneidezähnen geht das unter Narkose oft auch am eigenen Stall, bei Backenzähnen meistens nur in der Klinik. Bei älteren Pferden ist Vorsicht geboten. Ihre Zähne splittern leicht, was größere Probleme nach sich ziehen kann.

Mit einer Handraspel werden scharfe Kanten vorsichtig geglättet.

Ausbildung

Und woran erkennt man einen guten Pferdezahnarzt? An Ausbildung und Praxiserfahrung. Während des Studiums lernt zwar jeder Großtierarzt etwas über Pferdegebisse, aber darauf spezialisiert ist er deshalb nicht. Fortbildung ist angesagt, wie sie beispielsweise von Fachtierärzten angeboten wird.

Ein steigendes Interesse der Pferdehalter an der Zahngesundheit ihrer Pferde lässt die Hochschulen mit einem verbesserten Kursangebot reagieren. Oft scheint es aber noch an Praxismöglichkeiten zu mangeln. Wer sich hier spezialisieren will, ist auf Eigeninitiative angewiesen, zum Beispiel in Form einer Ausbildung in den weitaus progressiveren USA. Dortige Schulen bieten eine hier allerdings nicht anerkannte Ausbildung zum Pferdedentisten an.

In Deutschland ist der Begriff Pferdedentist nicht geschützt und macht keine Aussage über Ausbildung und Wissensstand. Auch in Österreich und der Schweiz wächst das Interesse an professioneller Zahnpflege bei Pferden, allerdings sind fundiert ausgebildete Pferdedentisten auch dort rar gesät. Ein veterinärmedizinisches Studium gilt als Voraussetzung, doch tatsächlich gibt es immer wieder auch Pferdezahnärzte, die keinen tierärztlichen Hintergrund mitbringen. Pferdedentisten dürfen im Gegensatz zu Tierärzten keine Betäubungsmittel einsetzen. Tun sie es doch, handeln sie illegal

Sommerekzem

Kahle Mähnenkämme, „Rattenschwänze", ständiger Juckreiz – Sommerekzeme haben in den warmen Monaten Hochkonjunktur. Ponys sind besonders oft betroffen, aber auch bei Großpferden tritt das Problem immer häufiger auf. Hersteller zahlloser „Wundermittel" versprechen Heilung, die meisten Rezepturen helfen jedoch nur in Einzelfällen. Doch auch seriöse Wissenschaftler befassen sich mit dem Thema. Ein Impfstoff lässt aber nach wie vor auf sich warten.

Ein geschwollener Mähnenkamm sieht vielleicht gar nicht so schlimm aus. Doch das ist nur der Anfang einer juckenden, haarverlustreichen Geschichte, an deren Ende der Ponyhalter viel Geld los ist. Er investiert in Salben, Pülverchen, Zusatzfuttermittel, Ekzemerdecken und wirkungslose Wunderpräparate. Wie schön wäre es doch, wenn man sein Pony einfach dagegen impfen könnte. Doch eine Impfung gibt es nicht. Bislang nicht. Denn genau daran wird kräftig geforscht.

Eine Maske schützt vor Insektenstichen. Hautreizungen werden so vermieden.

Der Bedarf an einer Lösung ist groß. Weltweit sind Tausende von Ponys vom Sommerekzem betroffen. Nur auf Island sind Sommerekzeme unbekannt: Dort leben keine Kriebelmücken. Die sind schuld am sommerlichen Dilemma. Obwohl Sommerekzeme bei allen Rassen vorkommen, scheinen einige häufiger davon betroffen zu sein als andere.

Die Ursachen

Doch warum kommt es dazu? Ein Sommerekzem ist eine allergische Reaktion, mit hoher Wahrscheinlichkeit vererbbar und wie alle immunologischen Probleme schwer zu behandeln. Dabei liegt das Problem nicht an einem schlecht arbeitenden Immunsystem, sondern an einem überaktiven. Eine Hypersensibilität gegen Insektenbisse führt zu einer Überreaktion des Immunsystems. Es versucht, den Insektenspeichel abzuwehren – der ein harmloses Protein enthält – und attackiert dabei körpereigene Zellen. Es kommt zu einer Zellschädigung, die sich durch ekzemtypische Symptome äußert. Auslöser sind wenige Millimeter große Kriebelmücken. Zwei Arten stehen beim Thema Sommerekzem im Fokus: Culicoides, die vorzugsweise den Körper des Pferdes stechen, und Simulium equinum mit einer ausgeprägten Vorliebe für die Ohren.

Von Ende März bis Ende Oktober haben Kriebelmücken Hauptsaison. Nach milden Wintern stürmen sie früher die Pferdeweiden, weil dann auch die Brutzeit eher einsetzt. Sommermonate, die mal sonnig, mal regnerisch sind, sorgen für eine explosionsartige Vermehrung. Und genau das ist der ausschlaggebende Punkt: die Anzahl der Kriebelmücken.

Mücken-Management

Sommerekzeme erfordern Maßnahmen, angefangen mit dem Standort: Feuchte Wiesen sind tabu. Auf ihnen vermehren sich Kriebelmücken enorm. Das gilt auch für Weiden mit Bachläufen oder anderen Gewässern. Auf kalkhaltigen, kargen Wiesen hausen weniger Mücken als auf fettem, kleereichem Grünland. Windige Standorte sind oft frei von Kriebelmücken.

Gut drainierte Weiden sind optimal, weil sich auf ihnen auch bei Regen keine größeren Wassermengen ansammeln. Gibt es Bäume auf der Weide, ist altes Laub gründlich zu entfernen. Es bietet ideale Lebensbedingungen für Mücken, ebenso wie auch Komposthaufen und andere Ansammlungen pflanzlicher Abfälle.

Aufstallen?

Ist kein flexibles Weide-Management möglich, kann man Ekzemer aufstallen, zumindest dann, wenn die Mücken am aktivsten sind (also in der Morgen- und Abenddämmerung). Ein Deckenventilator im Stallbereich verhindert, dass die geflügelte Schar einen Vorstoß ins Innere wagt.

Das Aufstallen birgt aber auch zwei Gefahren: Zum einen können von Juckreiz geplagte Pferde Mähne und Schweif an der Stallwand ruinieren, zum anderen sorgt Stallruhe für Langeweile. Eine Outdoor-Lösung ist dem Aufstallen vorzuziehen. Doch wie kann die aussehen?

Das Einsprühen oder Einreiben des Pferdes mit Repellentien kann helfen. Das sind Wirkstoffe, die Insekten über den Geruchssinn abschrecken, aber keine tödliche Wirkung haben. Damit diese Insektensprays

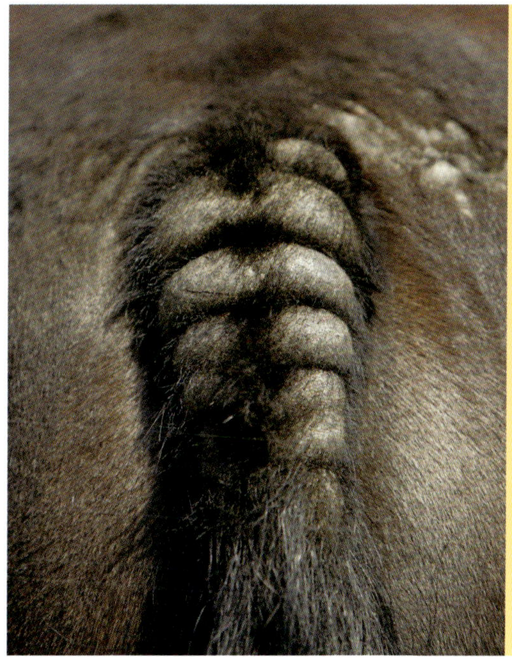

Ekzeme verursachen Juckreiz, den Ponys mit Scheuern bekämpfen. Dadurch kommt es zu Haarausfall und Schwellungen.

wirken, müssen sie zwei- bis dreimal täglich auf das Pferdefell aufgetragen werden. Das feine Sommerfell hält Duftstoffe nur kurze Zeit, Schweiß und Regen verkürzen diese Zeitspanne nochmals.

Eine Alternative sind Ohrenmarken mit Repellentien. Sie werden in die Mähne des Pferdes eingeflochten. Weniger chemisch, manchmal aber effektiv, ist das Einreiben des Pferdes mit dünnflüssigem Öl – zum Beispiel mit medizinischem Paraffinöl.

Ganz gleich, welches Mittel man bei der Behandlung des Sommerekzems einsetzt: Es sollte zuvor immer erst an einer circa drei Zentimeter großen Stelle am Hals oder an den Flanken getestet werden. Entsteht dort innerhalb der nächsten 24 Stunden eine Schwellung, könnte das Pferd gegen einen der Wirkstoffe allergisch sein. Da erscheint der Einsatz einer Ekzemerdecke eine attraktive Alternative. Sie bedeckt fast den ganzen Körper des Pferdes und ermöglicht ihm Weidegang. Sicherlich eine empfehlenswerte Maßnahme – zumindest, bis der Tierarzt mit einer Spritze das Jucken beendet.

Da auch Haarlinge ähnliche Symptome wie Ekzeme verursachen, gilt es, diese Möglichkeit auszuschließen. Haarlinge treten überwiegend zum Winterende hin auf. Ihre Lieblingsstellen: Mähnenkamm und Schweifansatz. Verräterisch sind an den Haaren klebende Eier (Nissen).

Ausrüstung für Ponys

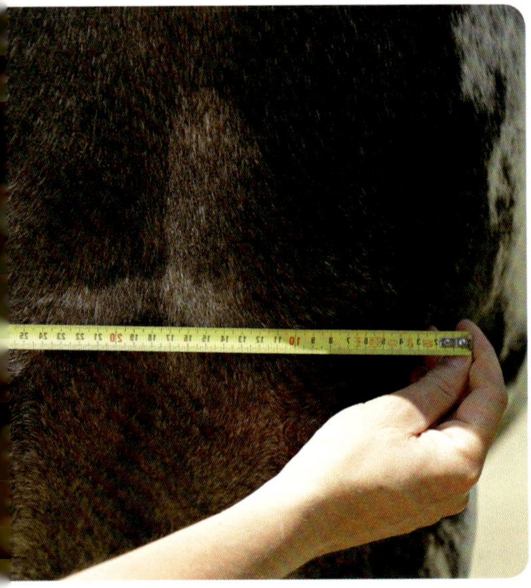

Sitzt und passt – der Sattel

Sattelanpassungen sind heute aufwendiger denn je. Dennoch sitzen aber 80 Prozent aller Sättel falsch. Das verunsichert. Wem kann man eigentlich noch glauben? Keine Sorge. Es ist gar nicht so schwierig, den richtigen Sattel zu finden und die Tauglichkeit des alten zu überprüfen, wenn man weiß, worauf es ankommt. Dafür benötigt man übrigens nicht unbedingt Hightech-Messmethoden. Hier die wichtigsten Tipps für einen erfolgreichen Sattelkauf.

Schritt 1: Den Blick schulen

Betrachten Sie das ganze Pony: Typ, Körperbau und Knochenstärke verraten einiges über die Form des passenden Sattels. Profis achten dabei besonders auf die Brustbreite, die Bemuskelung und die Rückenform. Warum?

Die Breite der Brust entspricht der erforderlichen Weite des Sattels, die man beidseitig circa 15 Zentimeter unterhalb des Widerrists ermittelt. Wer nur auf die Freiheit im Widerristbereich achtet, übersieht oft, dass der Sattel ein Stück weiter unten zu eng ist. Ist das der Fall, umschnürt er das Pony wie ein zu straff sitzender Gürtel und behindert die Schultern.

Eine schlechte Bemuskelung verbessert sich unter einem passenden Sattel oft. Hierfür muss aber genügend Raum sein. Daher sollte man den Sattel nicht dem ungünstigen Trainingszustand anpassen. Besser ist es, eine weitere Passform zu wählen, die den Sattel etwas tiefer über den Widerrist setzt. Mit zunehmender Muskelentwicklung hebt sich der Sattel über dem Widerrist bis in die korrekte Position an. In der Übergangszeit hilft eine aufpolsternde Sattelunterlage.

Gut entwickelte Muskeln sollten erhalten bleiben. Der Sattel darf nicht in Muskelpartien drücken, sonst gibt's Dellen. Das passiert, wenn er rechts und links vom Widerrist drückt.

Die Bewegungsfreiheit des Rückens darf nie durch den Sattel eingeschränkt werden. Die Hinterhand des Ponys setzt nur dann weit unter, wenn der Sattel nicht den Rücken blockiert. Und genau das ist eine Voraussetzung für eine gelungene Versammlung. Tipp: Das Pony erst ohne und dann mit Sattel frei laufen lassen. Der Bewegungsablauf sollte identisch sein.

Schritt 2: Fühlen lernen

Jetzt kommen die Finger ins Spiel. Eine gute Passform spürt man. Und so geht's: Den Sattel sanft vor dem Widerrist auflegen und in die Sattellage gleiten lassen. Meistens sitzt er dort genau richtig. Um sicher zu gehen, mit den Händen das Schulterblatt des Ponys abtasten. Der Sattel muss circa einen Fingerbreit weit dahinterliegen. Ansonsten bewegt sich die Schulter nicht frei, Schwung und Raumgriff leiden.

Zu weit hinten sollte der Sattel jedoch auch nicht sitzen. Ein Test verschafft Klarheit: Eine Hand neben dem Fellwirbel auf die Flanke legen. Zwischen Wirbel und dem hinteren Ende des Sattels sollten knapp zwei Handbreit Platz sein.

Jetzt den Sattel angurten und genau hinschauen. Verläuft die Sitzfläche parallel zum Boden, liegt der Sattel gleichmäßig am Rücken an, und der Reiter kann zum nächsten

Fingertest aufsitzen. Maximal drei Finger finden zwischen Widerrist und Vorderzwiesel Platz. Passen mehr hinein, ist der Sattel zu schmal oder senkt sich hinten ab, was das Reitergewicht auf den empfindlichen Lendenwirbelbereich verlagert und einen Stuhlsitz provoziert. Passen nur ein oder zwei Finger hinein, ist der Sattel zu weit oder kippt nach vorne, was den Reiter ins Hohlkreuz zwingt.

Sieht alles richtig aus, kommt der nächste Test. Man schiebt eine Handfläche auf Widerristhöhe unter den Sattel und lässt sie mit dem Handrücken seitlich heruntergleiten. Das sollte leicht gehen. Klemmen die Finger irgendwo ein, gibt es Engstellen, die dem Pony schaden würden.

Wichtig ist auch der hintere Bereich des Sattels. Deshalb gleitet die Hand als nächstes auf Höhe der Bügelaufhängung mit der Handfläche nach unten zwischen Schweißblatt und Ponykörper. Sie streicht entlang der Sattellinie nach oben, bis ans Ende der Sattelkissen. Eine gleichmäßige Auflage hat keine Engstellen.

Nun zum letzten Fingereinsatz: Da ein passender Sattel das Gewicht optimal verteilt, sollte die Auflagefläche zu beiden Seiten der Wirbelsäule möglichst groß sein. Um das zu überprüfen, dreht man den Sattel um und gleitet mit den Fingern durch den Hohlraum zwischen den Sattelkissen. Passen von vorne bis hinten drei nebeneinanderliegende Finger hindurch, reicht die Wirbelsäulenfreiheit. Das ist wichtig, weil es sonst zu Verspannungen und im schlimmsten Fall sogar zu irreparablen Wirbelschäden kommen kann.

Mit einer Schablone lässt sich die Passform des Sattels überprüfen.

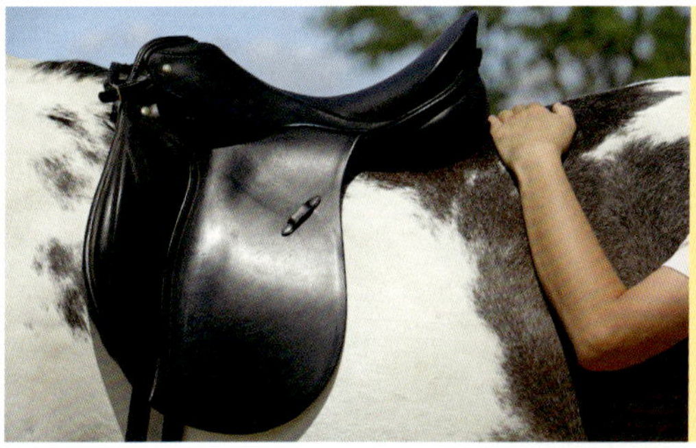

Der Sattel sollte eine Handbreit vor dem Flankenwirbel enden.

An dieser Stelle darf es keine Druckspitzen geben.

Zwischen Widerrist und Vorderzwiesel sollten maximal drei Finger passen.

Schritt 3: Schablonentest

Kommt keiner der Sättel in Frage, sind Bastelqualitäten gefragt. Ein biegsamer Draht aus dem Baumarkt, ein Stück Pappe, eine Schere und ein Stift – schon hat man alles für den Schablonentest. Der funktioniert, wenn das Pony auf geradem Untergrund steht, und zwar gleichmäßig auf allen vier Hufen.

Die Mitte des Drahtes legt man auf den Widerrist und biegt ihn beidseitig nach unten. Der Draht führt – genau wie später der Sattel – circa einen Fingerbreit hinter den Schultern herum. Danach den Draht auf eine Pappe legen, nachzeichnen und den Bereich ausschneiden.

Passt diese Schablone genau unter den Sattel, lässt sie zur Kante des Vorderzwiesels hin drei Finger Luft und wird sie an der weitesten Stelle nicht vom Sattel eingeengt, kommt er in die engere Auswahl.

Passt der Sattel dem Reiter?

Klein und kurz soll der Sattel sein, damit er gut aufs Pony passt? Wenn auch der Reiter klein und mit einem zierlichen Gesäß gesegnet ist, mag das die richtige Wahl sein. Doch erwachsene Ponyreiter scheitern oft an dieser Wunschvorstellung. Zwar muss der Sattel gut aufs Pony passen, aber eben auch zum Reiter. Zu kurze Sitzflächen sind unbequem und belasten den Ponyrücken punktuell. Also muss ein Mittelweg gefunden werden.

Ein optimal passender Sattel fürs Pony ist wichtig, aber nur die halbe Miete. So richtig Spaß macht Reitsport nur, wenn der Sattel auch zum Reiter passt. Hierbei stehen Oberschenkel, Gesäß, Proportionen und die Beinlänge im Fokus. Körpergröße und Gewicht geben Anhaltspunkte, sind aber nicht alleine ausschlaggebend. Wie auch beim Pony muss das Gesamtbild stimmen.

Und schon kommt die Eitelkeit ins Spiel. Insbesondere Reiterinnen wählen lieber Sättel mit kleiner Sitzfläche. Logisch – wer möchte sich schon als X-large-Modell outen, das weit jenseits des 17,5 Zoll-Durchschnitts liegt? Doch das ist ein Fehler. Zu kleine, tiefe Sitzflächen behindern den Hüftschwung, machen steif und stauchen die Bandscheiben. Grobe Richtlinie: Vor und hinter das Gesäß sollten vier Finger passen.

Kurze Sättel passen häufig dem Pony, aber nicht dem Reiter.

So fühlt sich ein passender Sattel an

- Der Sitz ist ausbalanciert und aufrecht.
- Man sitzt bequem und zwanglos über dem Schwerpunkt des Pferdes.
- Der Sattel gibt Halt, ohne einzuengen.
- Die Knie sind tief.
- Die Schultern sind locker.
- Selbst längeres Reiten ermüdet kaum.
- Vor und hinter dem Gesäß finden vier Finger Platz.
- Sturzfeder und Bügelriemen bilden keinen Huckel.
- Die Bügelriemen drücken nicht.

Zu groß darf die Sitzfläche auch nicht sein, sonst verrutscht der Sattelschwerpunkt leicht nach hinten. Das spreizt die Reiterbeine zu weit auseinander und schon klemmen die Knie. In einem passenden Sattel sitzt man aufrecht und ausbalanciert, weder nach vorne, noch nach hinten gekippt.

Vorsicht bei zu dicken Pauschen. Sie geben zwar mehr Halt, begrenzen das Bein aber auch und erschweren einen losgelassenen Sitz. Darunter leiden große Reiter ganz extrem. Ihre Knie stoßen an die Pauschen, sobald sie die Bügel ein Loch kürzer

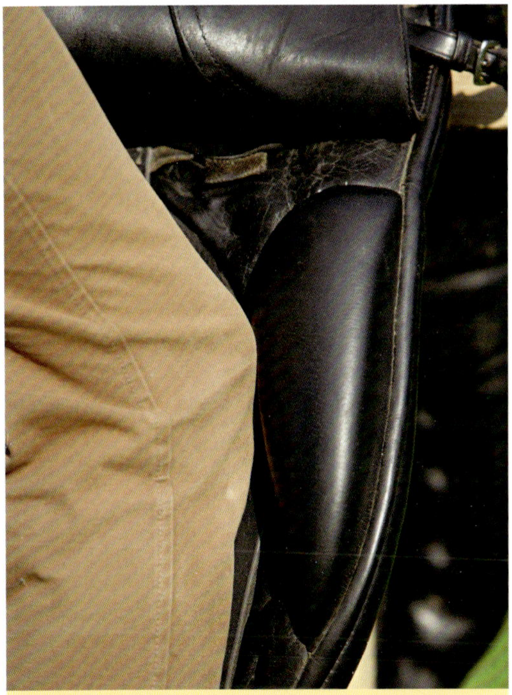

Dicke Pauschen begrenzen die Bewegungsfreiheit des Knies.

Mögliche Anzeichen für Sattelprobleme

- Haarbruch oder weiße Stichelhaare, wunde oder offene Stellen in der Sattellage.
- Im Bereich der Sattellage sind Schwellungen.
- Das Pferd zuckt, wenn man die Sattellage berührt.
- Unruhe, Kopfschlagen und Beißen beim Satteln.
- Das Pferd drückt beim Reiten den Rücken weg.
- Das Pferd dehnt sich nicht vorwärts-abwärts.
- Die Tritte sind verkürzt, das Pferd geht verspannt.
- Das Pferd ist beim Reiten unwillig und schreckhaft.
- Das Pferd bockt oder steigt.
- Der Reiter sitzt im Stuhlsitz oder macht ein Hohlkreuz.
- Die Hüfte des Reiters ist steif.
- Die Beine des Reiters sind zu weit auseinander gespreizt.

schnallen. Faustregel: Die Pauschendicke sollte einen Spielraum von etwa zwei Bügellöchern ermöglichen, ohne das Bein zu behindern. Die Beinlänge des Reiters gibt auch die Länge des Sattelblatts vor. Ist das Sattelblatt zu lang, verliert der Unterschenkel den Kontakt zum Pony. Ist es zu kurz, verkantet sich der Reitstiefelschaft darunter.

Diese Tipps gelten für fast alle Sättel, ganz gleich, ob es sich um einen Dressur-, einen Spring- oder einen Vielseitigkeitssattel handelt. Der Wohlfühlfaktor muss auch bei Western-, Distanz- und Spanischen Sätteln stimmen. Ihre Anpassung ähnelt der klassischen Herangehensweise in vielen Punkten, die Auswahl erfolgt je nach Zielsetzung.

Gebrauchtsattel-Check

Genauso wichtig wie die optimale Anpassung eines neuen Sattels ist der regelmäßige Check des alten Sattels, mindestens alle sechs Monate oder wenn Probleme auftreten. Auch ein Sattel, der anfangs tadellos saß, passt nach einigen Monaten vielleicht nicht mehr. Das kann verschiedene Ursachen haben. Oft liegt es am Aufsitzen ohne Aufsteighilfe. Die einseitige Belastung schädigt nicht nur den Pferderücken, sondern auch den Sattelbaum. Oder das Jungpferd entwickelt mit fortschreitender Ausbildung mehr Muskeln. Bei alten Pferden entsteht oft das umgekehrte Problem: Sie bauen Muskeln ab.

Auch der Kauf eines neuen Pferdes mit passendem Sattel endet meistens mit einer Umarbeitung. Veränderte Haltungs-, Ernährungs- und Reitbedingungen wirken sich umgehend auf die Statur aus.

Hier passt der Sattel Pony und Reiter. Die beiden fühlen sich sichtlich wohl.

Sattelgurte

Wenn sich der sonst so brave Freizeitpartner beim Aufsatteln in eine Furie verwandelt, die Ohren anlegt und um sich schnappt, könnte das am Sattelgurt liegen. Die meisten Ponys mögen den Druck, den ein angezogener Gurt auf die Rippenbögen ausübt, überhaupt nicht, ertragen ihn aber stillschweigend. Das führt zu Verspannungen. Und es führt zu Sattelzwang, der sich durch angelegte Ohren und wütendes In-die-Luftschnappen äußern kann.

Sattel und Sattelgurt bilden auf dem Pony eine Einheit, genau genommen einen Ring rund um den Brustkorb. Zieht man diesen Ring fest, verteilt sich der Druck relativ gleichmäßig. Viel Spielraum ist da nicht, wenn der Sattel nicht rutschen soll.

Ein herkömmlicher Sattelgurt, der sich nicht ausdehnen kann, behindert das Pony beim Atmen, weil er eine ständige Drucksituation um den Brustkorb herum erzeugt.

Die meisten Ponys lernen diesen Druck auszuhalten, manche reagieren aber mit Sattelzwang oder Unwillen. So etwas erschwert das Reiten ganz ungemein. Das Pony geht auf den ersten Metern „spannig“. Erst nach einer gewissen Zeit ist es nicht mehr dazu in der Lage, dem Druck des Sattels körperlich entgegenzuwirken. Es gibt den Rücken frei und schon sitzt der Reiter viel bequemer.

Wenn das Pony heftig protestiert, ist ein kritischer Gurtcheck angebracht. Es kann aber auch an der Technik liegen: Immer zunächst locker angurten, dann nachziehen.

Bei einem unflexiblen Sattelgurt bauen sich eher Belastungsspitzen auf als bei einem flexiblen. Bei einer schnellen Bewegung oder einem tiefen Einatmen entstehen mitunter erhebliche Drucksituationen an Gurt und Sattel. Der Sattelgurt kann nicht nachgeben, also muss das Pony nachgeben.

Wirklich? Nein. Wenn schon etwas nachgeben muss, warum dann nicht der Sattelgurt? Flexible Sattelgurte sind deshalb sicherlich eine gute Lösung, um Belastungsspitzen zu mindern und den Tragekomfort zu erhöhen. Allerdings darf man sie nicht so fest anziehen wie einen starren Gurt. Sonst wirken sie wie ein Gummiband und belästigen das Pony noch mehr.

Verschiedene Reitweisen

Das gilt allerdings nicht für alle Reitweisen. In der Westernreiterei gab es auch eine Zeit lang elastische Gurte. Sie haben sich aber nicht durchgesetzt.
Die Druckverteilung beim Westernsattel unterscheidet sich deutlich von der eines englischen Sattels. Durch die größere Auflagefläche dieses Satteltyps kommt es seltener zu Belastungsspitzen.

In der Westernreiterei wird bei Weitem nicht so stark angegurtet wie in der klassischen Reitweise. Der Gurt ist sehr viel tiefer am Sattel befestigt und sitzt auch nicht in der Mitte des Sattels, sondern relativ weit vorne. Dadurch kann nicht so viel Druck aufgebaut werden wie bei der englischen Gurtung.

Somit besteht die Gefahr, dass man als Westernponyreiter einen flexiblen Gurt unbedacht fester angurtet als einen unflexiblen. Das schnürt dem Pony die Luft ab. Gebraucht man elastische Gurte aber richtig und gurtet nicht zu fest, sind sie ein wahrer Segen für „fühlige" Ponys.

Fakten und Preise

Pony-Sattelgurte gibt es von vielen Herstellern in unterschiedlichen Formen, vom Bauchplattengurt, der die Bauchpartie des Ponys beim Springen und der Vielseitigkeit schützen soll, bis zum vollelastischen Dressurgurt. Flexibilität ist ganz klar im Trend.

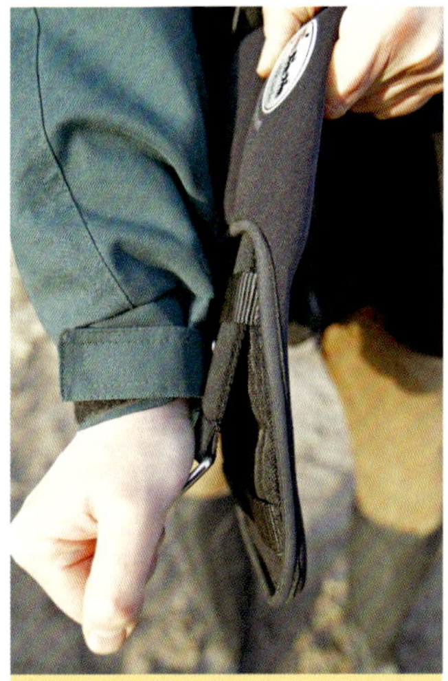

Ein elastischer Gurt

Immer langsam nachgurten

Die Gruppe der unflexiblen Sattelgurte ist gegenüber ihren dehnbaren Kollegen im Fachhandel eher in der Minderheit.

Bei flexiblen Gurten unterscheidet man zwischen einseitig und beidseitig dehnbaren Gurten. Es gibt Modelle, deren Schnallen unterlegt sind. Das schützt vor Scheuerstellen und verhindert, dass beim Festgurten Haare oder Haut in die Schnallen mit hineingezogen werden. Andere Modelle verzichten hierauf und kommen mit ganz normalen Schnallen zurecht. Eine Besonderheit bieten Gurte, die anatomisch geformt und im Ellenbogenbereich elastisch sind. Dadurch werden Reibungen vermindert und die Atembewegung des Ponys erleichtert.

Genauso unterschiedlich wie die Formen und die Verarbeitung der Gurte ist auch ihr Preis. Er reicht von etwa 20 Euro für einen einfachen Neopren- oder Kunststoffgewebegurt bis zu über 280 Euro für handgefertigte Exoten aus besonders edlem Material. Für einen guten Sattelgurt muss man durchschnittlich etwa 50 bis 90 Euro anlegen, ganz gleich, ob es sich um einen flexiblen oder unflexiblen Gurt handelt. Erstaunlicherweise sind hier kaum Preisunterschiede vorhanden.

Viele hochwertige Sattelgurte haben Gel-Einlagen, um die empfindliche Bauchpartie zu schützen. Gurtschoner aus abwaschbarem oder waschbarem Material müssen meistens dazugekauft werden. Sie schützen den empfindlichen Ponybauch. Dieser Schutz hat seinen Preis und schlägt dann nochmals mit etwa 20 bis 90 Euro zu Buche.

Sattelunterlagen

Lammfell-Satteldecken, orthopädische Schabracken oder Hightech Pads? Wer die richtige Sattelunterlage für sein Pony sucht, hat es nicht leicht. Die Auswahl ist gigantisch und ebenso groß sind die Qualitätsunterschiede. Hinzu kommt, dass es für ganz kleine Ponys nicht alle innovativen Modelle gibt. Doch für Ponys ab 1,40 Meter Stockmaß ist die Auswahl ebenso vielfältig wie für Großpferde. Hier muss man sich gründlich informieren.

Western-Pad, Satteldecke oder Schabracke (v. l. n. r.) – für jeden Geschmack das Richtige. Dabei gibt es die Unterlagen in allen erdenklichen Farben und Preiskategorien

Eines vorab: Man sollte nicht am falschen Ende sparen. Wenn es um die Gesundheit des Pony-Rückens geht, ist das Beste gerade gut genug. Und das entscheidet sich bei Satteldecken eindeutig über den Preis. Extrem billige Sattelunterlagen haben meistens viele Nachteile: Oft sind sie schlecht verarbeitet – die Nähte gehen auf. Außerdem verwaschen sie schnell und verlieren dabei auch noch die Form. Aber das Schlimmste: Sie liegen schlecht auf und verursachen Druckstellen. All das darf nicht sein. Beim Kauf muss man daher unbedingt auf eine hochwertige Verarbeitung und strapazierfähiges Material achten. Die Sattelunterlage sollte auf jeden Fall auch waschbar sein.

Hohlfaserflor

Ein relativ neuer Trend – vor allem bei Wander- und Distanzreitern – ist klinisch getestetes Hohlfaserflor. Das sorgt nicht nur für eine optimale Druckverteilung, sondern gewährleistet gleichzeitig eine fortwährende Belüftung. Ideale Voraussetzungen, um Allergien, Schweißekzemen und anderen Hautirritationen vorzubeugen. Auch bei extremer Belastung.

Und es gibt einen weiteren Clou, der nicht nur Besitzer in der Ausbildung befindlicher Jungponys freuen dürfte: Manche Modelle lassen sich individuell verändern. Das ermöglicht eine exakte Anpassung und ist perfekt für Ponys, deren körperliche Entwicklung noch nicht abgeschlossen ist, oder für ältere Tiere, deren Muskulatur abnimmt. Was dahintersteckt? Hightech-Polsterungen, die von hinten in die Sattelunterlage geschoben werden und eine variable Einstellung ermöglichen. Eine schlechte Bemuskelung im Schulterbereich und Hohlräume zwischen Sattel und Pferderücken lassen sich hiermit ebenfalls ausgleichen.

Es gibt auch schicke Schabracken, deren anatomische Form sich sofort an den Ponykörper anpasst. Und eine Zellknautsch-Auflage mit Taschen für individuell austauschbare Hightech-Polster erlaubt eine genaue Anpassung – selbst an schwierige Rücken.

Lammfell

Sattelunterlagen mit Lammfell sind bei Ponyreitern beliebt. Ihr Vorteil liegt in ihrem therapeutischen Wert: Lammfell ist nicht nur durchblutungs- und entspannungsfördernd, sondern gleicht auch die Temperatur aus. Das Ergebnis? Top-Komfort für das Pony. Druckstellen und Wundreiten werden effektiv vorgebeugt; Viren und Bakterien haben keine Chance, sich einzunisten und zu vermehren. Unangenehme Gerüche gibt es nicht.

Doch wie sieht es mit der Reinigung der attraktiv aussehenden Sattelunterlagen mit Lammfell aus? Recht unproblematisch: Hochwertig gegerbte Lammfelle sind Schmutz abweisend und erstaunlich leicht zu reinigen.

Scheuer- und Druckstellen

Erfahrene Reiter stellen allerhöchste Ansprüche an Sattelunterlagen. Schließlich liegen sie direkt auf dem Rücken des Ponys auf und können dort gute Dienste leisten, aber auch großen Schaden anrichten. Scheuer- und Druckstellen stehen ganz oben auf der Schreckensskala. Es kann Monate dauern, bis die geschädigte Rückenpartie wieder intakt ist. Nicht immer werden solche Verletzungen durch einen schlecht sitzenden Sattel verursacht – oft sind minderwertige Sattelunterlagen daran Schuld. Die Gründe hierfür sind mangelnde Schweißaufnahme, schnelle Verschmutzung, schlechte Passform, Faltenbildung oder Strukturveränderungen nach dem Waschen.
Hochwertige Sattelunterlagen sind in all diesen Punkten unproblematisch, müssen jedoch regelmäßig und fachgerecht gereinigt werden. Deshalb sollte man sich beim Kauf genau nach der Pflegeanleitung erkundigen und sich auch daran halten. Schließlich kosten richtig gute Sattelunterlagen zwischen 60 und 150 Euro.

Sollte wirklich einmal eine Komplettwäsche anstehen, steckt man die Sattelunterlage bei 30 Grad Celsius (Wollwaschgang) in die Waschmaschine und gibt ein Fellwaschmittel dazu. Ideal ist es, wenn man im letzten Spülgang einen Weichspüler hinzufügt, das Fell dann schleudert und im Trockner im Schonprogramm trocknet. Wer keinen Trockner hat, trocknet das Fell mit der Wollseite nach oben an der Luft, sollte es aber nicht direkter Sonneneinstrahlung oder Heizungswärme aussetzen.

Auf- und abpolsterbar dank austauschbarer Pads – so wird die Unterlage flexibel angepasst.

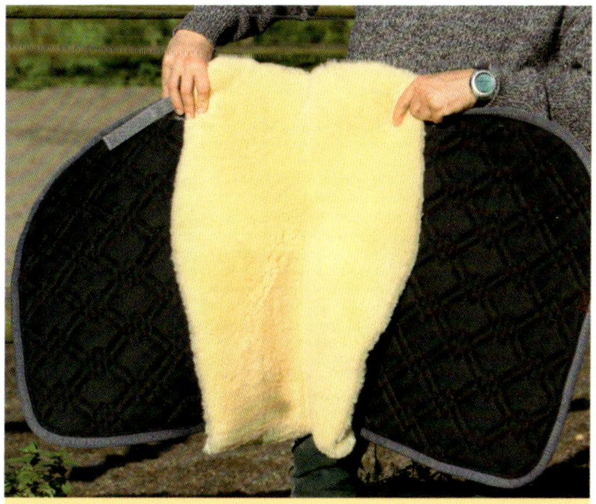

Medizinisches Lammfell schont den Rücken und ist gar nicht schwer zu pflegen.

Trensen und Gebisse

Wie viel Platz hat ein Gebiss eigentlich im Maul? Wo liegt es genau auf? Was passiert, wenn der Reiter die Zügel annimmt? Diese Fragen sollte jeder beantworten können, bevor er seinem Pony ein Gebiss ins Mäulchen schiebt. Eines ist sicher: Im Ponymaul ist weitaus weniger Platz für Gebisse als viele denken. Dicke, breite Gebisse empfinden viele Ponys deshalb als unangenehm. Gebisse wirken auf die Unterkieferladen, die Lefzen und die Zunge.

Ein Snaffle Bit

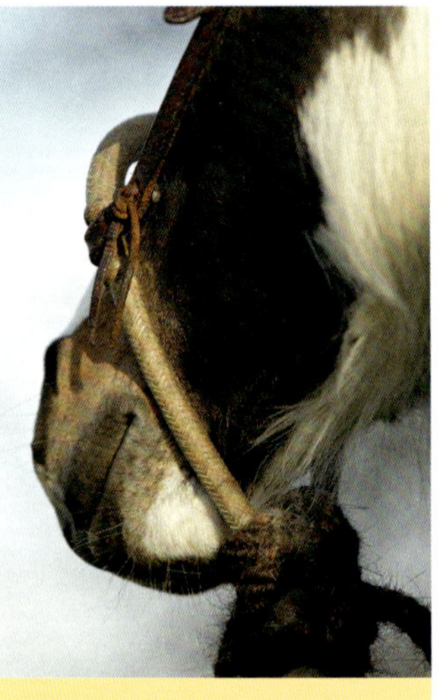

Ein klassisches Bosal

Neben dem Sattel sind Gebisse die wichtigsten Ausrüstungsteile des Reitsports. Wenn sie im Maul kneifen oder zwicken, wirkt sich das ebenso nachteilig auf die Rittigkeit aus wie ein schlecht sitzender Sattel. Deshalb ist bei der Auswahl eines Gebisses viel Know-how gefragt. Doch worauf kommt es an?

Ein Ponygebiss muss nicht unbedingt kleiner und dünner sein als das eines Warmbluts. Es gibt 1,38 Meter große Ponys mit echten „Froschmäulern" und Großpferde mit „Spatzenschnäbeln". Jedes Maul ist individuell. Es gibt keine rassespezifischen Merkmale, die auf alle Vertreter einer Rasse zutreffen. Wobei extrem kleine Ponys wie American Miniature Horses oder Mini-Shetland Ponys natürlich insgesamt kleinere Proportionen haben. Für sie gibt es Spezialanfertigungen und inzwischen auch Stangenware.

Ins Maul geschaut

Ansonsten hilft nur der Blick ins Maul, das Testen verschiedener Gebisse und die Beurteilung der Rittigkeit. Kopfschlagen, Schräghalten des Kopfes, Abwehrreaktionen beim Auftrensen und ein weit aufgesperrtes Maul sind Anzeichen für ein schlecht passendes Gebiss. Fühlt sich das Pony mit dem Gebiss wohl, kaut es zufrieden darauf herum und weist nach dem Reiten auch keine Verletzungen auf. Blutergüsse und Maulwinkelrisse gehören zu den schrecklichen Folgen schlecht passender Gebisse. Und die gilt es auf jeden Fall zu vermeiden.

Keine dicken Dinger

Ponybesitzer entscheiden sich oft für ein dickes Mundstück, weil sie es für besonders weich halten. Das muss allerdings nicht stimmen. Viele Ponymäuler bieten gar nicht genügend Raum für dicke Gebisse. Ist zu wenig Platz, kommt es zu Druckstellen und Quetschungen. Das kann den Zungen-, aber auch den Gaumenbereich betreffen. Dazwischen ist ohnehin fast kein Platz. Sensible Ponys quittieren ein zu dickes Gebiss, indem sie gegen den Zügel gehen. Andere reißen den Kopf hoch oder rollen sich auf. Zu dünne Gebisse missfallen den meisten Ponys aber auch. Deshalb sollte man auf eine Mindest-Gebissstärke von zehn Millimetern achten. Bei großen Ponys mit Großpferdemäulern darf die Stärke auch 16 bis 18 Millimeter betragen. Gemessen wird an den äußeren Rändern des Mundstücks.

Modellvielfalt

Einfach und doppelt gebrochene Gebisse sind die beliebtesten Ponygebisse. Bei ihnen wirkt der Zügel direkt über den Trensenring auf das Mundstück ein. Von hier aus übertragen sich die Zügelhilfen auf die Zunge und Laden des Ponys.

Viele Ponys kommen mit diesen Standardmodellen sehr gut zurecht. Es gibt allerdings auch Ponys, die Stangengebisse bevorzugen. Bei Modellen mit Hebelwirkung ist eine erfahrene Reiterhand gefragt, weil die seitlichen Anzüge die auf das Maul wirkende Kraft potenzieren. Umso länger die Hebel sind, desto stärker ist die Wirkung. Schon bei einer normalen Dressurkandare vervierfacht sich die Kraft der Reiterhand im Maul.

Kommt das Pony mit keinem der getesteten Gebisse zurecht, checkt man am besten die Zähne. Pferde-Dentisten entdecken die Ursache für Gebissprobleme oft recht schnell. Außerdem sind sie gute Berater, wenn es um Gebisse geht.

Manchmal liegt die Unverträglichkeit aber auch in einer Allergie begründet. Manche Ponys reagieren sensibel auf Gebisse mit nickelhaltigen Metall-Legierungen. Andere vertragen keinen Kunststoff. Da es heute Gebisse aus vielen verschiedenen Materialien gibt, sind Alternativen schnell gefunden.

Die passende Größe

Außer dem Material, der Form und Dicke des Gebisses entscheidet auch seine Breite über die Passform – gemessen von der einen Innenseite des Rings bis zur anderen. Die Breite beginnt bei 8,5 Zentimetern für Mini-Shettys, die aber manchmal auch 9,5 oder 10,5 Zentimeter benötigen. 10,5 bis 11,5 Zentimeter sind die Durchschnittsmaße bei kleinen Ponys. Größere brauchen meistens eine Breite von 12,5 bis 13,5 Zentimetern. Man sollte sich jedoch nicht nur auf diese Zahlen verlassen, sondern das Gebiss ins Maul legen und überprüfen. Rechts und links sollten noch ein halber bis ein Zentimeter Luft zwischen Maulwinkel und Trensenring sein.

Ebenso wichtig ist das korrekte Verschnallen des Gebisses an die Ponytrense. Es sollte so sitzen, dass sich oberhalb des Maulwinkels anderthalb Hautfalten bilden. Nicht mehr und nicht weniger.

Dieses Deutsche Reitpony präsentiert sich mit einem einfach gebrochenen Gebiss und einer Trense mit Englischem Reithalfter und Pullerriemen.

Ponygrößen

In den meisten Reitsportfachgeschäften gibt es inzwischen Abteilungen für Ponyzubehör. Das Angebot reicht von kleinen Halftern über Mini-Sättel und Mini-Trensen bis hin zu Abschwitz- und Thermodecken im Zwergenformat. Doch nicht immer haben die Pony-Produkte dieselbe Qualität wie die Ausrüstung für Großpferde. Deshalb unbedingt auf Material, Passform und Verarbeitung achten. Tipp: Equipment für Fohlen und Jungpferde ist auch eine gute Alternative für Ponybesitzer. Und das gibt es von allen namhaften Herstellern.

Ponys reiten

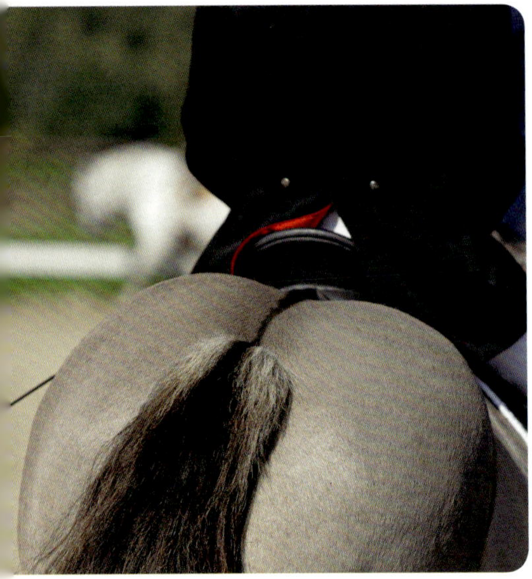

Reiten auf Ponys

Trippelschritte, ein kurzer Hals, ein eigensinniges Gemüt – bei Ponys ist einiges anders als beim Großpferd. Zahlreiche Ponyrassen ignorieren die Reitpferdepoints, die ein Pferd zum Sportpartner prädestinieren. Deutsche und Englische Reitponys entsprechen allerdings fast 1:1 dem größeren Sportpferdetyp – vom Exterieur her. Die meisten anderen Ponys machen das, was Ponyfreunde von ihnen erwarten: Sie bewahren ihre Ponymerkmale.

Wer als Erwachsener von einem Großpferd aufs Pony umsteigt, betritt eine neue Welt. Wo sich vorher ein langer, eleganter Hals wölbte, prangt nun eine kräftig bemuskelte Kurzform dieses Körperteils. Der Blick nach hinten offenbart Ähnliches: Wo es vorher noch gut und gerne 70 Zentimeter weiter ging, ist jetzt schon viel weiter vorne Schluss. Vom Sattel aus die Schweifrübe kraulen? Kein Problem. Auch an den Oberschenkeln macht sich ein bislang unbekanntes Gefühl breit. Breit – genau. Denn dort, wo beim Großpferd dank ausgeprägter Sattellage ein sanfter Übergang von schmal zu breiter erfolgte, drängen jetzt tonnenförmige Rippenbögen gleich von der Wirbelsäule aus zu beiden Seiten. Und wo ist überhaupt der Widerrist?

Zu lange Beine?

Reichten die Unterschenkel früher bequem an den Bauch des Pferdes, betätigen sie sich jetzt als Suchtrupp. Um überhaupt Tuchfühlung zu bekommen, muss man die Knie stärker winkeln. Ist das denn richtig? Und was ist mit den Sporen? Die finden sich demnächst vermutlich im Internet-Auktionshaus oder dem Kleinanzeigenteil der Wochenzeitung wieder. Denn was nützen sie, wenn sie rund zehn Zentimeter unterhalb des Pferdebauches baumeln?

Somit ist klar: Auf einem Ponyrücken ist Umdenken angesagt. Die klassische Reitlehre mal aus einem anderen Blickwinkel betrachten? Warum nicht. Für viele ist ein Pony übrigens der beste Partner, um Gewichtsreiterei zu erlernen. Denn wo vorher ein Schenkeldruck zum Anreiten ausreichte, ist nun ein schwungvoller Schub aus dem Becken gefragt. Was vorher die Unterschenkel machten, wird jetzt durch Knie und Oberschenkel ersetzt. Denn auch mit ihnen lassen sich ganz hervorragend Impulse geben.

Beizäumung

Umdenken ist auch beim Thema Beizäumung angesagt. Eigentlich soll ja das Genick der höchste Punkt sein und die Nasenlinie des Pferdes in der Aufrichtung leicht vor der Senkrechten stehen. Doch Ponyhälse sind oft zu dick und um die viel gepriesene Ganaschenfreiheit ist es auch nicht gerade gut bestellt. Klar, man kann ein Pony in die Aufrichtung zwingen, doch das ist frevelhaft. Sie verspüren dann einen schmerzhaften Druck in den Ohrspeicheldrüsen und dem Kehlgang. Hinzu kommen Atembeschwerden. Deshalb kann es nur eine Lösung geben: Ponys mit kurzen, stämmigen Hälsen sollte man in ihrer natürlichen Aufrichtung präsentieren. Versammlung und Losgelassenheit lassen sich auch so erzielen.

Raumgriff

Auch beim Raumgriff müssen die meisten Ponyreiter Abstriche machen. Gerade im Schritt fällt es vielen Ponys schwer, Fleiß auch noch mit möglichst weit vorgreifenden Schritten zu kombinieren. Das liegt zum einen an ihren kurzen, stämmigen Beinen, zum anderen an der unzureichend langen, steil gelagerten Schulter.

Dabei sind diese Merkmale eigentlich kein Mangel, sondern absolut ponytypisch. Die meisten Ponyrassen sind auf funktionale Fortbewegung ausgelegt, das heißt: energiesparende Schritte. Hohe Knieaktionen wie man sie bei Zwerg-Hackneys sieht, sind angezüchtet. Dennoch lässt sich der Raumgriff durch gezieltes Training verbessern, zum Beispiel durch Stangenarbeit, Cavaletti-Training und viel Vorwärts-abwärts-Reiten.

Trab aussitzen

Der nächste Unterschied zum Großpferd macht sich im Trab bemerkbar. Weniger beim Leichttraben, dafür aber umso mehr beim Aussitzen. Im Trab laufen kurze Ponybeine zu absoluten Hochtouren auf. Man muss ganz schön flexibel in der Hüfte sein, um bei diesem Bewegungs-Crescendo mitzuhalten und geschmeidig zu sitzen.

Doch auch hier sorgt eine gute Ausbildung für Erleichterung, denn der bei Ponys oft belächelte Nähmaschinen-Trab lässt sich ganz erheblich verbessern. Stangen und Cavaletti-Arbeit, Reiten auf gebogenen Linien und viel Trab auf geraden Strecken im Gelände sind nur einige Möglichkeiten.

In der Reitbahn

Und noch etwas ist anders, wenn man auf einem Pony reitet. Der Hufschlag der Reithalle oder der Reitbahn wird zur Gefahrenzone. Zumindest dann, wenn das Pony nicht mit der Schrittlänge der Großen mithalten kann. „Bahn frei" ist einer der beliebtesten Kommentare der Mitreiter, wenn sie von hinten anrauschen. Um dem zu entgehen, kann man auf dem zweiten Hufschlag reiten oder zu Zeiten, in denen die Halle oder der Reitplatz leer sind. Wichtig ist, immer freundlich zu bleiben, aber auch selbstbewusst aufzutreten. Schließlich ist die Halle für alle da.

Doch wem das zu viel Stress ist, der lässt die volle Halle links liegen und genießt bei einem Ausritt die Stille der Natur und die frische Luft.

Auf einem Ponyrücken ist Umdenken angesagt. Das Exterieur vermittelt meist ein ganz anderes Reitgefühl, vor allem, wenn man bisher eher Großpferde gewöhnt war.

Selber ausbilden?

Man braucht jede Menge Pferdeerfahrung und reiterliches Know-how, um ein Pony auszubilden. Die Tatsache, dass es vielleicht kleiner ist als ein Großpferd, ändert daran nichts. Das niedrige Stockmaß hat höchstens einen Effekt, und der ist mitunter gefährlich: Man unterschätzt das Pony. Deshalb sollte man von der Ausbildung Abstand nehmen und sie einem Profi überlassen, wenn die eigenen Fähigkeiten begrenzt sind.

Würden Sie sich zutrauen, einen 1,70 Meter großen Trakehner einzureiten? Falls nicht, sollten Sie auch das Einreiten Ihres Ponys einem kompetenten Trainer überlassen. 1,35 Meter große Pferdchen mögen zwar weniger bedrohlich wirken, doch auch sie bedürfen einer fundierten Ausbildung. Und zu der gehört nun einmal weitaus mehr, als sich in den Sattel zu setzen und einfach loszureiten. Das funktioniert meistens auch gar nicht.

Dieses Pony wird nach der von Linda Tellington-Jones entwickelten TT.E.A.M.-Methode ausgebildet. Dabei stärkt die Bodenarbeit auch das Vertrauen zwischen Pferd und Mensch.

Kinder brauchen bei der Ausbildung von Ponys Hilfe von Erwachsenen.

Vielleicht hat man ja auch ein bereits angerittenes Pony gekauft, das brav in allen drei Gangarten geht, aber von Versammlung, Seitengängen und Rückwärtsrichten noch keine Ahnung hat? Vielleicht ebenso wenig wie man selbst? Auch dann ist professionelle Hilfe angebracht. Noch besser ist es, das Pony gemeinsam mit einem Profi auszubilden, doch das ist rein organisatorisch oft schwer.

Ausbilder

Also startet die Suche nach einem Ausbilder. Die sollte beim zuständigen Zuchtverband beginnen, der die Rasse des eigenen Ponys vertritt. Dort sind sicherlich Trainer bekannt, die sich auf diese Rasse spezialisiert haben. Das kann ein großer Vorteil gegenüber einem allgemeinen Ausbilder sein, denn ein Edelbluthaflinger verhält sich oft entschieden anders als ein Norwegisches Fjordpferd und ein kerniges Welsh Pony unterscheidet sich deutlich von einem gemächlichen Highland Pony.

Gibt es keinen Rassespezialisten, lässt sich vielleicht ein ponyversierter Trainer aufspüren. Das ist prinzipiell besser als einen Ausbilder zu wählen, der ausschließlich Großpferde-Erfahrung hat. Ein Shetland Pony-Trainer würde in den meisten Fällen auch keinen sportlichen Anglo-Araber mit in seine Ausbildungsriege aufnehmen.

Trainer A, B, C

Zum Glüch gibt es aber auch relativ viele Trainer, die sich mit Ponys auskennen. Manche haben offizielle Trainerlizenzen, andere empfehlen sich vielleicht über Mund-zu-Mund-Propaganda.

Bei der Suche nach einem passenden Trainer sollte man sorgfältig vorgehen. Schließlich muss ein guter Ausbilder über zahlreiche Qualitäten verfügen, angefangen mit der fachlichen Kompetenz. Hierbei sollte man unbedingt darauf achten, dass der Trainer seine Ausbildung an renommierter Stelle absolviert hat. Haben Sie nur keine Hemmungen, ganz genau nachzuforschen und eventuell auch Belege zu fordern. Ein seriöser Trainer wird für kritische Nachfragen vollstes Verständnis haben und gerne detaillierte Auskünfte erteilen. Reagiert er hingegen ungehalten, ist das zumindest ein Grund, skeptisch zu werden.

Da eine Trainerlizenz alleine noch kein Nachweis darüber ist, ob ein Ausbilder sein Wissen auch verständlich vermitteln kann, ist es ratsam, mindestens eine Probestunde zu vereinbaren. Achten Sie beim Reiten darauf, ob sich der Ausbilder gut verständlich machen kann. Leuchtet ein, was er erklärt und lässt sich das auch umsetzen? Stimmt die Chemie zwischen Trainer und Schüler? Da darf man sich auch nicht von einer hochkarätigen Ausbildung blenden lassen, denn diese nützt nichts, wenn der Ausbilder ein schlechter Lehrer ist oder er sich nicht auf ein Pony einstellen kann.

Das Pony ist noch nicht eingeritten? Auch dann sollte die Trainersuche kritisch erfolgen. Gute Ausbilder nehmen sich ausreichend Zeit für „rohe" Pferde und binden den Besitzer mit in die Ausbildung ein. Fundierte Kenntnisse über Longenarbeit, Doppellongen-Training und die Arbeit am langen Zügel sind hilfreich bei der Grundausbildung. Geben Sie das Pony nie bei einem Ausbilder ab, der völlig unbeobachtet arbeitet.

Die Skala der Ausbildung

Sie hat auch für Ponyreiter Gültigkeit: die Skala der Ausbildung. Auch wenn man nicht von Grand Prix-Ehren im Dressurviereck träumt, sind eine systematische Ausbildung und Gymnastizierung wichtige Voraussetzungen, damit das Pony nicht aufgrund falscher Belastung krank wird. Takt, Losgelassenheit, Anlehnung, Schwung, Geraderichten, Versammlung – so lautet die richtige Reihenfolge der einzelnen Ausbildungsschritte.

Takt

Jedes Pony hat Takt. In allen Gangarten. Doch sobald sich ein Reiter auf seinen Rücken setzt, ist es mit dem sicheren Rhythmus oft vorbei. Beim Anreiten muss ein Pony erst mal sein Gleichgewicht wiederfinden, deshalb sollte der Reiter so leicht wie möglich sein. Ohne eine gute Balance kann kein Takt entstehen.

Bei bereits eingerittenen Ponys liegt es meistens am Reiter, wenn es unrhythmisch wird. Mal zieht er zu fest am Zügel, mal bringt er das Pony durch unkoordinierte Körperbewegungen aus dem Lot. Die meisten Taktschwierigkeiten treten übrigens in der Viertaktgangart Schritt auf. Tipp: Sich vorstellen, wie ein Pony aussieht, wenn es mit aufgewölbtem Rücken, lang nach vorne gestrecktem Hals und gesenktem Kopf beim Grasen über die Weide zieht. Diese Körperhaltung in allen Gangarten erarbeiten und regelmäßig üben – das fördert optimalen Takt.

Losgelassenheit

Takt ist eine Voraussetzung für das nächste Ziel: die Losgelassenheit. Sie beinhaltet die körperliche und geistige Ausgeglichenheit des Ponys. Ein entspannt pendelnder Schweif, zufriedenes Kauen und ein interessiertes Ohrenspiel sind Anzeichen von Losgelassenheit. Ponys, die nicht taktrein gehen, verspannen ihre Muskulatur. Da ein geschmeidiges Muskelspiel wichtig für Losgelassenheit ist, muss zuerst am Takt gearbeitet werden. Ruhe und Geduld bei der Ausbildung fördern dieses Ziel. Druck und Zwang, Gerteneinsatz und Hilfszügel, Sporen und Anschreien sind kontraproduktiv. Ausgeglichene Ponys lernen gerne und sind motiviert. Sie sind auch bereit, mit dem Reiter zu kommunizieren. Das sind sehr gute Voraussetzungen für eine erfolgreiche Ausbildung.

Zur Lockerung darf man auch mal die Bügel überschlagen.

Anlehnung

Kommunikation erfolgt zu einem wesentlichen Teil über die Anlehnung, der nächsten Stufe der Ausbildungsskala. Diese vollzieht sich über die Zügel. Die Verbindung sollte sich anfühlen, als wäre ein Gummiband die Verbindungsbrücke zwischen Reiterhand und Pferdemaul. Ponys, die zur Anlehnung bereit sind, dehnen sich von selbst an das Gebiss heran. Dabei kauen sie und nehmen eine natürliche Aufrichtung an. Die darf bei einem kurzen kräftigen Hals nicht so ausgeprägt sein wie bei einem langen, eleganten Hals, weil das Pony sonst Atembeschwerden bekommt. Erst wenn das Pony Anlehnung zeigt, geht es weiter in der Ausbildung.

Ein kurzer, kräftiger Hals ermöglicht weniger Anlehnung als ein langer.

Schwung

Jetzt kommt eine echte Herausforderung für Ponyreiter – der Schwung. Wer diese Hürde erfolgreich nimmt, beeindruckt auch Großpferdereiter. Denn Schwung wird den meisten Ponyrassen nicht ins Stroh gelegt, er ist das Ergebnis einer fundierten Ausbildung und täglichen Trainings. Um Schwung zu fördern, sollte man folgende Fehler vermeiden: Anreiten mit Hilfszügeln, Einsatz von Schlaufzügeln, Reiten auf der Vorhand, mangelnde Förderung der Hinterhandaktion, Riegeln, zu enge Beizäumung, ein fehlerhafter Reitersitz. Förderlich ist ein aufgewölbter Rücken, der durch Fallenlassen des Halses erarbeitet wird. Außerdem muss man auf die Geschwindigkeit des Ponys achten. Mehr Tempo heißt nicht gleich mehr Schwung. Das Reiten von Übergängen aus dem Trab und Galopp hilft ebenso wie Volten, mangelnden Schwung zu verbessern.

Geraderichten

Auf Mutter Natur kann man sich auch beim nächsten Punkt der Ausbildungsskala nicht verlassen. Im Gegenteil: Pferde kommen mit einer natürlichen Schiefe zur Welt. Abhängig davon, ob sie als Fohlen rechts oder links gekrümmt im Mutterleib lagen, ist eine Seite gedehnter als die andere.

Doch das lässt sich wegtrainieren, zum Beispiel durch konsequentes Vorwärtsreiten auf gebogenen Linien. Beginnen Sie mit großen Linien wie Schlangenlinien und Zirkeln, dann reiten Sie auch Volten und Achten. Oft die Hand wechseln: Eine Geraderichtung setzt ein ausgewogenes Training auf der linken und rechten Hand voraus. Auch einfache Galoppwechsel und Außengalopp sind gute Trainingsmaßnahmen. Ob sich die Geraderichtung verbessert, überprüft man am besten in einem Spiegel. Ansonsten hilft auch ein Blick auf die Hufabdrücke im frisch abgezogenen Reitbodensand: Die Spuren der Hinterhufe sollten der Linie der Vorderhufe folgen und nicht seitlich ausspuren.

Versammlung

Der Weg führt nun auch geradewegs zum letzten Punkt der Ausbildungsskala: der Versammlung. Versammelte Ponys schweben geradezu über den Sand. Die schwierigsten Lektionen bewältigen sie mit feinsten Hilfen scheinbar spielend. Alle Gangarten sind bequem zu sitzen. Versammlung ist ein hohes Ziel, das oft lange Monate des Trainings voraussetzt. Gerade bei Ponys, deren Exterieur oft alles andere als für die Versammlung geeignet ist. Wer im Sattel eines im Reitpferdetyp stehenden Ponys sitzt, ist hierbei klar im Vorteil.

Tipps für Ponyreiter

Auf dem Hufschlag ist man als Ponyreiter ein Störenfried – zumindest, wenn ansonsten nur Großpferde in der Halle oder der Reitbahn ihre Runden ziehen. Beim Ausritt braucht man ein eifrig trippelndes Pony oder eine laute Stimme, um mit den anderen die neuesten Anekdoten auszutauschen – zumindest, wenn man das kleinste aller Pferde reitet. Und wenn das Vorderpferd mal ausschlägt, weil sich das Pony emsig zu weit vorwagt, ist man als Reiter in der Schusslinie.

Alle gleich groß? Dann steht einem stressfreien Ausritt nichts mehr im Wege. Sicherheitsabstände müssen gerade bei Ponyreitern immer eingehalten werden.

In der Reitbahn

„Vorsicht!", ruft der Warmblutreiter der Ponyreiterin zu, und schon donnert er im Stechtrab vorbei. Eine typische Situation in vielen Reitbahnen, auf denen sich Großpferde- und Ponyreiter tummeln. Je nach Stallklima verläuft das Ganze mal recht verständnisvoll und mal recht rüde. Wirklich wohl fühlt sich jedoch kein rücksichtsvoller Ponyreiter damit. Schließlich stören ihn ja nicht nur die schimpfenden Mitreiter, sondern er stört sie ja auch.

Für das Problem gibt es nur eine Lösung: Geschickte Alternativen finden. Die Halle meiden, wenn dort am meisten los ist. Zu Zeiten kommen, in denen weniger Betrieb herrscht. Vielleicht besteht auch die Möglichkeit, auf einen Außenplatz auszuweichen. Hat ja schließlich auch Vorteile: Draußen ist die Luft viel besser.

In der Halle selbst bleibt das Ausweichen auf den zweiten oder dritten Hufschlag. Da drohen zwar auch noch Kollisionen mit Reitern, die fleißig Bahnfiguren üben, aber ein bisschen Rücksichtnahme darf man auch als Ponyreiter einfordern.

Ponys haben kürzere Schrittlängen als Großpferde.

Ausritt

Und wie sieht es mit geselligen Ausritten aus? Als einziger Ponyreiter unter Großen ist man im Schritt meistens im Hintertreffen. Das stresst, alle, die dabei sind. Der Ponyreiter treibt sein Pferd ständig an, die anderen halten ihre zurück. Oder er reitet mit zunehmendem Abstand hinter der Gruppe her. Auch keine verlockende Lösung. Im Trab und Galopp wendet sich das Blatt allerdings oft. In diesen Gangarten zeigen Ponys ihren größeren Kollegen gerne, was eine Harke ist. Doch das löst nicht das Grundproblem.

Beim Ausritt gibt es leider nur zwei Lösungen: Die eine ist, mit der ponytypischen Problematik zu leben und von Zeit zu Zeit mit einem kleinen Spurt aufzuholen. Die andere besteht darin, sich andere Ponyreiter für die schönen Stunden im Gelände zu suchen.

Sicherheit

Entscheidet man sich für die Aufhol-Variante, sollte der Spurt nie ungebremst erfolgen. Vielen Großpferden missfällt es, wenn plötzlich ein kleiner Draufgänger an ihre Hinterbeine prallt. Und wenn sie darauf mit Ausschlagen reagieren, lebt ein Ponyreiter höchst gefährlich. Die fliegenden Hufe erreichen schnell Oberkörper- oder sogar Kopfhöhe – ein riskantes Unterfangen. Deshalb immer genügend Abstand halten, lieber zwei Pferdelängen als eine. Die alte Regel „Man muss die Hinterhufe des Vorderpferdes sehen können“ reicht unter Umständen nicht, wenn man auf einem Pony sitzt.

Mit Ponys unterwegs

All das kann Ponyreiter auch bei Seminaren und Wanderritten einholen. Der Abenteuerritt durchs wunderschöne Havelland lockt mit romantischen Fotos. Eine bunt gemischte Truppe Reiter auf Pferden. Auf Pferden? Dann ist es besser, vor der Anmeldung zu fragen, ob es auch geführte Ritte für Ponys gibt. Denn sonst verwandelt sich der Kurzurlaub mit dem eigenen Pony vielleicht in Dauerstress. Dasselbe gilt für Reitkurse, natürlich weniger beim Einzelunterricht als bei Gruppenschulungen. Es macht keinen Spaß, beim Tempo ständig hinterherzuhinken.

Ponyreiter sind gut beraten, sich bei Pony- und Kleinpferde-Zuchtverbänden umzuhören. Dort gibt es meistens interessante Veranstaltungskalender für Ponyreiter. Viele Ponyrassen haben auch eigene Interessengemeinschaften. IGs und Arbeitsgemeinschaften sind oft ein Fundus für Seminare und Ritte, deren Profil bestens auf kleine Pferde zugeschnitten ist. Und wenn alles nichts hilft, kann man ja auch noch selbst ein Seminar organisieren, zu dem nur Ponys Zutritt haben. Ab einer Teilnehmerzahl von fünf Personen reisen viele Trainer gerne an. Stallbesitzer können so etwas natürlich einfacher realisieren als Einsteller. Aber wenn man den Chef des Stalls nett fragt und auch andere Kleinpferdereiter des Betriebs einlädt, steht einem Ponyseminar in der Regel nichts im Wege.

Pferdemaße

	Schrittlänge	Tempo
Schritt	1,30 bis 1,80 Meter	6–7 Stundenkilometer
Trab	2,00 bis 2,30 Meter	14–18 Stundenkilometer
Galopp	3,50 bis 8 Meter	bis zu 70 Stundenkilometer

Ponys erziehen

Sie schnappen beim Ausritt nach jedem Busch. Der Versuch, alleine vom Stall wegzureiten, endet mit Protest. Oder sie lassen sich gar nicht erst einfangen. Typisch Pony! Es mag auch Großpferde geben, die solche Angewohnheiten haben, aber eines ist sicher: Ponys liegen weit vorne, wenn es darum geht, den Reiter auszutricksen und den eigenen Kopf durchzusetzen. Und das Schlimmste: Es ist gerade dieser Eigensinn, dem Ponyfans nicht widerstehen können.

Kann man Ponys überhaupt erziehen? Man kann es zumindest versuchen. Das ist immerhin der Ansatz, einem selbstbewussten Wesen Manieren beizubringen, das täglich signalisiert: „Ich käme auch ohne dich klar!" Vermutlich ist das auch so. Denn Ponys sind Überlebenskünstler, zielstrebige Egomanen und geschickte Taktiker. Alles Eigenschaften, die letztendlich für Intelligenz sprechen.

Oder woran könnte es sonst bloß liegen, dass die meisten Großpferde Sattel und Trense anstandslos akzeptieren, wenn die erste Eingewöhnungszeit vorüber ist, Ponys hingegen auch nach Monaten noch auf die Idee kommen, sich all dem einfach zu entziehen? Man hat ein Jungpony liebevoll und mit aller Geduld dieser Welt ans Halfter gewöhnt. Das heißt noch lange nicht, dass es sich auf der Weide damit einfangen lässt. Wenn das gerade gut ins Programm passt schon, aber bitte nicht, wenn saftige Hälmchen und Müßiggang locken.

Viele Ponys lassen sich nur mit einem Leckerchen einfangen. Vorsicht, so erzieht man „Zwicker".

Alleine? Auf keinen Fall!

Mit viel Wohlwollen ließe sich dieses Verhalten einem gesunden Überlebenstrieb zuschreiben. Auch andere ponytypische Verhaltensweisen scheinen einen ganz praktischen Hintergrund zu haben: Geselligkeit. Ponys sind ausgesprochene Herdentiere. Großpferde zwar auch, aber Ponys offensichtlich ganz besonders. Zumindest erwecken sie den Eindruck. Alleine vom Stall wegreiten? Bloß nicht! Die Abwehr reicht von sturem Stehenbleiben über energisches Rückwärtstreten bis hin zu spontanen Kehrtwendungen und einem Spurt zurück zur Weide.

Doch wer könnte beim Blick in dunkle Knopfaugen schon böse sein? Schließlich meint es das Pony doch nur gut. Alleine Ausreiten ist gefährlich. Für den Reiter und für das Pony. Besser ist es, gleich Gesellschaft zu suchen.

Ponys brauchen eine konsequente Erziehung, ansonsten tanzen sie einem auf der Nase herum.

Strategien

Ein positiver Ansatz ist die richtige Basis für eine erfolgreiche Pony-Erziehung. Nur wie? Vor allem mit Respekt. Ponys schätzen es überhaupt nicht, wenn sie aufgrund ihrer bescheidenen Ausmaße herumgeschubst werden. Immerhin sind sie große Persönlichkeiten in einem kleinen Körper. Das bedeutet zum Glück auch, dass nicht alles erlaubt sein kann. Über jeden Fauxpas hinwegsehen, nur weil das Pony so niedlich ist? Ein fataler Fehler. Konsequenz gehört zum Erfolgsrezept.

Für einen kleinen Leckerbissen machen Ponys viel. Es gilt, erwünschtes Verhalten durch sofortiges Belohnen zu verstärken und unerwünschtes durch Ignorieren zu ahnden. Auch Clicker-Training funktioniert gut. Sobald das Pony auch nur den Ansatz des erwünschten Verhaltens zeigt, ertönt der Clicker und es gibt eine Belohnung.

Motivieren

Ponyerziehung hat dann die besten Chancen auf Erfolg, wenn man es versteht, sein Pony zu motivieren. Solange es keinen Sinn in einer Aufgabe sieht, verweigert es sich oft. Steckt hingegen eine knifflige Herausforderung dahinter, legen sich Ponys mit Feuereifer ins Zeug.

Motivation sollte also auf dem Wochen-Trainingsplan stehen. Ist montags Dressur angesagt, sollte dienstags ein Ausritt folgen und mittwochs vielleicht einfach Freilauf. Mit etwas Abwechslung bleiben Ponys bei Laune und freuen sich sogar aufrichtig, wenn ihr Reiter kommt. Aber natürlich nur, wenn er auch Leckerchen in der Tasche hat.

Mit diesen Tipps geht vieles leichter

- Auch kleine Pferde möchten mit Respekt behandelt werden.
- Keine Unarten dulden, nur weil das Pony niedlich ist
- Liebevoll, aber konsequent sein
- Erwünschtes Verhalten positiv bestärken
- Unerwünschtes Verhalten ignorieren
- Bei der Erziehung mit Geduld vorgehen
- Für ausreichend Abwechslung beim Training sorgen
- Das Pony motivieren
- Daran denken, dass Ponys Spätentwickler sind; viele sind erst mit acht Jahren erwachsen
- Sich nie mit Gewalt durchsetzen
- Auf Hilfszügel verzichten
- Das Pony nicht überfordern

Ein eigenes Pony

Eines ist sicher: Es ist herrlich, ein eigenes Pony zu haben. Einen Kumpel, der mit einem durch Dick und Dünn geht, für körperliche Fitness und geistige Entspannung sorgt. Vielleicht erringt man ja auch irgendwann gemeinsam Turniererfolge. Doch das passende Pony muss erst einmal gefunden werden. Am besten erkundigt man sich bei einem kompetenten Züchter, der auch nach dem Kauf noch gerne beratend zur Verfügung steht.

Viele Kinder und Jugendliche verbringen die ersten Reitstunden im Sattel eines Ponys. Das liegt daran, dass viele Reitschulen kleine Pferde für kleine Schüler bereitstellen. Erwachsene werden meistens auf Großpferde gesetzt, ob sie wollen oder nicht. Als Ponyliebhaber muss man sich deshalb im Vorfeld nach einem Reitbetrieb umsehen, der Ponys für Erwachsene einsetzt. Und die sind leider viel seltener als Warmblut-Ställe. Doch es gibt sie, die Reitbetriebe mit kecken Fjordpferden, smarten Haflingern, gangstarken Islandpferden und anderen erwachsenentauglichen Rassen.

Irgendwann keimt aber in jedem Reitschüler, der sein Hobby mit Leidenschaft betreibt, der Wunsch nach einem eigenen Pony. Das liebgewonnene Reitschul-Pony wird es nur in den seltensten Fällen werden, denn Reitbetriebe trennen sich nur ungern von guten Schulpferden. Also beginnt die Suche. Aber wie und wo?

Züchtersuche

Am besten bei einem Züchter, der einem für die Rasse zuständigen Zuchtverband angehört. Seriöse Züchter unterliegen strengen Verbandskontrollen und legen Wert auf eine gesunde, leistungsstarke Zucht. Das sind beste Voraussetzungen für einen erfolgreichen Ponykauf. Oft stehen diese Züchter den Ponykäufern auch nach Geschäftsabschluss mit Rat und Tat zur Seite. Das kann sehr hilfreich sein, wenn es um die Anschaffung von Equipment oder um Ausbildungsmöglichkeiten geht.

Um solch einen Züchter zu finden, muss natürlich erst einmal klar sein, für welche Ponyrasse man sich interessiert. Diese Entscheidung sollte wohl überlegt sein, schließlich teilt man im Idealfall die nächsten 20 bis 30 Jahre mit dem neuen Familienmitglied. Wer sich bezüglich der Rasse nicht sicher ist, sollte sich Zeit lassen und Züchter verschiedener Rassen besuchen. Natürlich wird jeder seine Rasse himmelhoch anpreisen. Dennoch ist es hilfreich, sich so viel wie möglich über die Rassen zu informieren und auch Proberitte auf verschiedenen Ponys zu machen, ehe man sich entscheidet. Auch innerhalb einer Rasse gibt es schließlich ganz unterschiedliche Typen und Charaktere.

Beim Kauf geht es um Geld und das gilt auch für den laufenden Unterhalt des Ponys. Alle anfallenden Kosten – und am besten auch noch ein Puffer für unvorhergesehene – sollten schon vor dem Kauf einkalkuliert werden. Hinsichtlich des Kaufpreises einen Richtwert aufzustellen, ist schier unmöglich, denn Ponys können sowohl 800 Euro als auch 50.000 Euro kosten. Wer ein gesundes Freizeitpony sucht, das bereits eine Grundausbildung hat, sollte zwischen 2.500 und 5.000 Euro für die Anschaffung rechnen.

Hinzu kommen die Kosten der Ankaufsuntersuchung durch den Tierarzt, sie belaufen sich durchschnittlich auf 200 bis 250 Euro. Und wenn man das Pony hat, sollte es auch gleich haftpflichtversichert werden, damit im Schadensfall kein persönlicher Ruin droht. Solche Versicherungen schlagen mit mindestens 75 Euro pro Jahr zu Buche. Bei höherer Schadensabdeckung, eingeschlossenem Gastreiterrisiko und Transportversicherung ist man schnell bei der doppelten Summe angelangt.

Pensionskosten

Während der Versicherungsbeitrag meistens einmal jährlich vom Konto abgebucht wird, ist die Miete für Box oder Offenstall in der Regel monatlich fällig. Auch hier gibt es große Preisunterschiede – abhängig von Haltungsform, den Serviceleistungen und der Region. Ist eine Reithalle angeschlossen, bezahlt man häufig deutlich mehr. Im Umkreis von großen Metropolen kostet eine Pferdebox in einem gepflegten Stall mit Reithalle durchschnittlich zwischen 350 und 700 Euro. In ländlichen Gegenden sind Boxen und Offenstallplätze oft für weniger Geld zu haben.

Schmied und Tierarzt

Es gibt zwei weitere Kostenfaktoren, mit denen Ponybesitzer regelmäßig zu tun haben: der Hufschmied und der Tierarzt. Während der Schmied durchschnittlich alle sechs Wochen vorbeikommt, ist der Einsatz des Veterinärs eher unkalkulierbar. Zuerst zum Schmied: Wer einen Barhufgänger sein Eigen nennt, muss die Hufe nur regelmäßig raspeln und schneiden lassen. Kostenpunkt: durchschnittlich 25 bis 30 Euro pro Pony. Bei einem Beschlag fallen die Kosten höher aus: Rund 75 Euro muss man mindestens für einen Komplettbeschlag ansetzen.

Den Tierarzt sieht man im besten Fall nur zum Impfen und wenn man die regelmäßig anstehenden Wurmkuren kauft. So weit lassen sich die Kosten auch gut überblicken. Für durchschnittlich vier Wurmkuren pro Jahr fallen circa 75 Euro an. Die Impfkosten liegen bei 100 bis 125 Euro jährlich. Da sich Ponys aber auch mal verletzen, Hufgeschwüre bekommen können oder krank werden, sind Tierarztkosten nicht zu kalkulieren. Doch eines ist sicher: Tierärztliche Behandlungen für Pferde gehen ins Geld – und zwar nicht zu knapp.

In ländlichen Regionen findet man oft schnell eine artgerechte Unterbringung fürs Pony. Meist ist dies aber mit gründlichen Recherchen verbunden.

Augen auf beim Ponykauf

Wer ein gutes Pony sucht, sollte zum Züchter gehen oder sich vom zuständigen Zuchtverband beraten lassen. Seriöse Züchter legen Wert auf vielversprechende Verpaarungen, Gesundheit, eine artgerechte Aufzucht und eine altersgemäße Ausbildung des Ponys. Vielleicht ist ein Pony vom Züchter etwas teurer als das eines unseriösen Händlers, doch hierbei ist jeder Euro gut investiert. Denn Billigangebote entpuppen sich oft als Kostenfalle.

Rosstäuscher

Spritzen, Schmieren, Stillstellen… Unseriöse Ponyhändler wissen leider ganz genau, wie man Probleme oder sogar Krankheiten kaschiert und willige Ponykäufer an der Nase herumführt.

Freizeitreiter, die sich auf den ersten Blick in ein knuddeliges Pony verlieben, sind leichte Opfer. Mal ist es der Augenausdruck, mal die wuschelige Mähne, die das Herz des Interessenten erobert. Oder das freundliche Begrüßungslecken an der Hand. Woher sollte der Käufer auch ahnen, dass die vermeintlich sanfte Kontaktaufnahme mit Wasserentzug zu tun hat?

Wenn ein Pferd drei oder mehr Tage lang kein Wasser bekommt, wird es völlig ruhig. Außerdem leckt es sofort an jeder Hand, die ihm hingehalten wird. Und was passiert danach? Eine Menge. Denn nach dem Verkauf, dem Umzug zum neuen Besitzer und einem Schluck Wasser wird das gequälte Pony wieder frisch. War es vor der Durststrecke unreitbar, wird es sich auch jetzt wieder seiner alten Unarten entsinnen. Und ganz schnell ist der Traum vom braven Freizeitpony geplatzt.

Es gibt auch Medikamente, mit denen Ponys ruhiggestellt werden, die lassen sich aber im Blut nachweisen. Allerdings scheuen viele Freizeitreiter die Kosten für einen Bluttest.

Auch wenn es Liebe auf den ersten Blick ist – seien Sie realistisch, wenn Sie ein Pferd kaufen.

Hufrolle und Co.

Auch der Aderlass ist eine gängige Rosstäuschermethode, um aufmüpfige Ponys zu ermüden, und hat eine betrügerische Doppelfunktion. Der Blutmangel nimmt Druck aus dem Blutkreislauf. Dadurch haben Ponys mit Hufrolle oder Hufrehe weniger Schmerzen. Hufrolle und Hufrehe werden auch oft durch Blut verdünnende Medikamente vertuscht, zum Beispiel mit Cortison. Es wirkt lange, ist aber im Blut nachweisbar. Verkauft ein Händler an unbedachte Kunden, hat Cortison freie Bahn. Damit werden Schmerzen gelindert und Entzündungen gehemmt. Außerdem lässt sich auch eine Dämpfigkeit des Pferdes vorübergehend damit unterdrücken. Das funktioniert auch mit Asthmamitteln. Und Kehlkopfpfeifen? Das klappt nicht. Da hilft nur ein laut dudelndes Radio im Stall oder ein bellender Hund. Dann hört der Käufer das Pfeifen nicht.

Jungbrunnen

Auch am Alter von Ponys wird gedreht. Einfach ins Maul schauen? Zeitverschwendung. Gewiefte Trickbetrüger greifen zur Feile, um die Beißerchen zu formen. So werden ältere Pferde auf jünger getrimmt. Dieser Eindruck wird durch Kürzen und Ausdünnen des Schweifes verstärkt. Auch das Kürzen der Haare im Ohr verjüngt. Ponys mit Karpfenrücken werden gerne bergauf präsentiert. Der Händler stellt sie so auf, dass die Vorderbeine etwas höher stehen als die Hinterbeine. Oder er manipuliert im Vorfeld den Hufbeschlag. Manche führen Pferde mit mangelhaftem Körperbau auch mit Decke vor.

Krumme Beine soll der Käufer möglichst auch nicht sehen. Also lässt der Händler das Pferd an der Longe oder im Round Pen laufen. Es kann dort nicht geradeaus laufen, wobei sich Stellungsfehler und andere Probleme deutlicher bemerkbar machen würden. Das lässt sich auch aufs Probereiten umsetzen. In der Halle sind „zufällig" noch andere Reiter? Dann wird fürs Probereiten eben nur der obere Zirkel genutzt.

Pferdekaufrecht

Schützt das Pferdekaufrecht nicht vor solchen Machenschaften? Das sollte es. Allerdings muss der Käufer des Pferdes nachweisen, dass der Mangel schon zum Zeitpunkt des Kaufes bestand. Gelingt das, kann er bis zu zwei Jahre nach dem Kauf Schadensersatz oder eine Rücknahme des Pferdes mit Kaufpreis- und Unkostenerstattung fordern. Dies setzt jedoch voraus, dass der Verkäufer ein Unternehmer ist, zum Beispiel ein gewerblicher Pferdehändler oder -züchter.

Tipps für den Ponykauf

- Kaufen Sie Ponys bei renommierten Züchtern (beim zuständigen Zuchtverband erkundigen).
- Informieren Sie sich genau über den Anbieter des Ponys.
- Nehmen Sie einen Profi mit, der sich mit Ponys auskennt.
- Lassen Sie die Ankaufsuntersuchung vom eigenen Tierarzt durchführen.
- Akzeptieren Sie keine Ankaufsuntersuchungsergebnisse, die bereits fertig vorliegen.
- Seien Sie skeptisch, wenn ein Händler dazu drängt, auf eine Ankaufsuntersuchung zu verzichten.
- Unterschreiben Sie keine Verträge mit Haftungsausschluss.
- Kaufen Sie nicht aus Mitleid.
- Hüten Sie sich vor Tauschgeschäften.
- Bedenken Sie, dass man Ekzemer und Headshaker (nervöses Kopfschlagen, oft durch Fliegen verstärkt) nur im Sommer erkennt.

Liegen die Voraussetzungen vor, muss der Verkäufer des Pferdes nachweisen, dass er ein gesundes Pferd verkauft hat. Handelt es sich um einen privaten Verkäufer, der nicht regelmäßig mit Pferden Geld verdient, steht der Pferdekäufer dumm da. Dann gilt der Vertrag, der zwischen den beiden Privatpersonen geschlossen wurde, und da steht in der Regel: Haftung ausgeschlossen.

Beim Pferdekauf sollte man auf jeden Fall einen erfahrenen Experten mitnehmen und alle Auffälligkeiten dokumentieren.

Pony-Senioren

Wenn Ponys alt werden

Bei keiner Pferderasse ist das Thema Alter so aktuell wie bei Ponys. Denn mit einer durchschnittlichen Lebenserwartung von 25 bis 30 Jahren übertrumpfen sie größere Artgenossen bei Weitem. Viele Ponys überschreiten das 30. Lebensjahr, manche feiern noch ihren 40. Geburtstag. Ponybesitzer dürfen sich in der Regel auf einen langen gemeinsamen Lebensabschnitt einstellen. Und auf einige Veränderungen, die im Laufe der Jahre eintreten.

Ab wann Ponys „alt" sind, ist individuell verschieden. Manchen sieht man die Jahre schon mit 25 an, andere wirken noch mit 30 frisch. Wer sein Pony gut kennt, merkt genau, wann die Rentnerzeit beginnt. Und das ist der Zeitpunkt, der ein Umdenken erfordert. Eine schrittweise Anpassung an die neue Situation wird nötig. Da das Alter nicht von heute auf morgen über ein Pony hereinbricht, bleibt genügend Zeit, sich auf neue Bedürfnisse einzustellen.

Ausgiebig Warmreiten

Meistens merkt man es zuerst an der Leistungsfähigkeit. Die nimmt allmählich ab, wenn die Seniorenzeit beginnt. Das Pony braucht länger, um sich einzulaufen. Auf den ersten Metern sind die Schritte steifer als früher. Nach zehn Minuten Schritt und einem lockeren Trab verbessert sich der Bewegungsablauf. Jetzt ist es noch viel wichtiger als früher, das Pony vor dem eigentlichen Training ausgiebig warm zu reiten. Eine lange Schrittphase erhöht die Elastizität von Muskeln, Sehnen und Bändern, außerdem schmiert sie die Gelenke. Ohne Warm-up gleich loszulegen, wäre ein Risiko, es drohen Sehnenzerrungen und Muskelrisse.

Der Leistungsanspruch sollte dem Fitness-Level des Ponys angepasst werden. Zwar wäre es völlig falsch, von Hundert gleich auf Null runterzufahren, aber ein 25-jähriges Pony kann meistens nicht mehr so belastet werden. Es schnauft schneller, „pumpt" nach Anstrengungen länger und reagiert auf hohe Anforderungen unwillig. Wenn man solche Symptome bemerkt, bedarf der Trainingsplan einer Anpassung.

Altersgemäßes Training

Anpassen heißt nicht Wegstellen. Das wäre ebenso schädlich wie eine ständige Überforderung des Ponys.

Tägliche Bewegung ist wichtig für den Körper und auch für den Geist. Ohne ein altersgemäßes Training kommt es zu einem rapiden Muskelabbau. Auch die Lunge leidet unter mangelnder Bewegung. Sie sollte mindestens einmal täglich richtig durchgepustet werden, dann verflüssigt sich festsitzender Schleim, die Atmung wird freier. Dies ist eine effektive Vorbeugung gegen Atemwegserkrankungen.

Es gibt weitere Gründe, die gegen ein „Wegstellen" sprechen: Viele Ponys reagieren mit Frustration, wenn sie plötzlich tatenlos im Offenstall stehen müssen, während der jüngere Stallkollege mit ins Gelände darf. Und ein psychisches Tief hat negative Auswirkungen auf den Gesundheitszustand. Deshalb sollte ein Ponyrentner keinen Zweifel daran haben, noch immer ein begehrter

Freizeitpartner zu sein. Er liebt es, im Mittelpunkt zu stehen, möchte umsorgt und verwöhnt werden. Und sich vor allem mitten im Leben fühlen.

Tägliche Spaziergänge

Sehr alte Ponys sollte man nicht mehr reiten, wenn ihre Rückenmuskulatur bereits zu weit zurückgebildet ist. Das Reitergewicht bereitet dann mitunter Schmerzen, die das Pony mit Kopf- und Schweifschlagen, einem weggedrückten Rücken und anderen Abwehrreaktionen signalisiert. Jetzt bieten sich verschiedene Trainingsalternativen an.

Eine Möglichkeit ist ein täglicher Spaziergang durchs Gelände. 45 Minuten bis eine Stunde reichen. Umso abwechslungsreicher die Strecke ist, desto besser. Vielleicht kann man noch einen Stallkollegen mit Pony mitnehmen. Ponysenioren, deren Gelenke durch Arthrose steif geworden sind, laufen besser auf befestigten Wegen als auf unebenem Untergrund. Manche trippeln auch lieber im langsamen Trab dahin, als Schritt zu gehen. Die Zweitaktgangart fällt ihnen leichter als ein schneller Viertakt.

Longieren?

Bewegung, aber nicht Reiten? Da denken viele ans Longieren. Das ist prinzipiell auch eine Möglichkeit, das Pony ohne Reitergewicht zu bewegen. Allerdings fühlen sich viele Ponysenioren an der Longe zunehmend unwohl. Das liegt daran, dass ihr Körper unbeweglicher ist als früher. Arthrose, steife Gelenke und eine abnehmende Biegungsfähigkeit erschweren die Bewegung auf gebogenen Linien.

In solchen Fällen ist Arbeit am langen Zügel eine bessere Alternative. Dabei sitzt auch kein Reiter auf dem Rücken, das Pony läuft viel geradeaus und man kann es dennoch gezielt gymnastizieren.

Freilauf auf dem Reitplatz ist ebenfalls eine gute Möglichkeit, um den Ponysenior fit zu erhalten. Aber auch hierbei muss man immer auf eine ausreichend lange Aufwärmphase achten und nach den schnelleren Gangarten Schritt fordern, bis sich Atmung und Puls wieder normalisiert haben. Bei kalten Temperaturen immer eine längere Warm Up-Phase einplanen und aufpassen, dass das Pony nicht verschwitzt vom Reitplatz kommt.

Man kann Ponysenioren auch Bewegung verschaffen, indem man sie als Handpferd mit ins Gelände nimmt. So werden sie nicht belastet und sind trotzdem mit dabei.

Altersgerechte Fütterung

Zahnprobleme und Abmagerung sind zwei typische Alterssymptome bei Ponys. Im Maul machen sich vermehrt Zahnstein und Karies breit. Manche Zähne brechen ab oder fallen aus. Der einst so runde Körper gleicht immer mehr einem Aktenkoffer: Überall sind Ecken und Kanten. Fett- und Muskelmasse sind auf dem Rückzug. Höchste Zeit, die Fütterung anzupassen. Mit ein paar kleinen Leckereien kann man dem Senior gesunde Extra-Kalorien bieten.

Umso artgerechter das Leben eines Ponys verlief, desto besser sind auch seine Zähne im Alter. Hochwertiges Raufutter, Weiden mit langen harten Halmen und Knabbermöglichkeiten wie Baumstämme sind Fitness-Garanten für jeden Zahn. Deshalb treten Zahnprobleme meistens erst im sehr hohen Alter auf. Gab es regelmäßig Zahnchecks durch den Pferdedentisten, ist das Risiko noch geringer. Doch früher oder später geht es los.

Fallen Zähne aus, muss man unbedingt überprüfen lassen, ob Zahnreste im Zahnfleisch stecken. Diese können sich entzünden und müssen deshalb sorgfältig entfernt werden. Doch meistens ist das nicht erforderlich. Anders sieht es aus, wenn ein Zahn längs durchbricht. Eine solche Fraktur sollte immer vom Dentisten versorgt werden. Schneidezähne lassen sich problemlos entfernen, bei Backenzähnen ist das meistens nur in der Klinik möglich. Bricht der Zahn quer, besteht meistens kein sofortiger Handlungsbedarf. Aber beobachten Sie, ob sich etwas entzündet oder das Pony schlecht frisst.

Das schmeckt Pony-Senioren

- Hochwertiges Heu
- Eingeweichtes Heu (bei Heustauballergie)
- Erstklassige Silage (wenn sie keinen Durchfall verursacht)
- Mash (zwei- bis dreimal pro Woche)
- Rübenschnitzel (zwei bis drei Hände Trockenmasse täglich in reichlich Wasser quellen lassen – mindestens acht Stunden)
- Maisflocken (maximal ein Viertel der täglichen Futterration)
- Pflanzliche Öle
- Rote Beete
- Bananen
- Möhren
- Äpfel

Viel Raufutter

Ein zerbrochener Zahn stellt bei der Nahrungsaufnahme noch keine bemerkenswerte Beeinträchtigung dar. Solange das Pony Heu und Stroh gut kauen kann, sollte es möglichst viel hochwertiges Raufutter bekommen.

Bestehen Atemprobleme, steht eingeweichtes Heu auf der Tageskarte. Silage ist ebenfalls staubfrei und für Heustauballergiker eine Alternative. Allerdings muss es sich um erstklassige Silage handeln, die aber gar nicht so einfach zu bekommen ist. Minderwertige Silage enthält Unmengen von Schimmelpilzen

Mash ist bekömmlich und nahrhaft. Über so ein kleines Extra freut sich jedes Pferd.

und schadet mehr, als sie nützt. Sollte man einen guten Silage-Hersteller finden, dessen Ware auch noch bezahlbar ist, lohnt es sich, das auszuprobieren. Wichtig ist, dass das Pony ganz langsam an die Silage gewöhnt wird. In der ersten Woche ersetzt man höchstens ein Drittel der normalen Heuration damit, in der zweiten Woche die Hälfte und in der dritten Woche drei Viertel der Menge. Leider reagieren viele Ponys mit Durchfall auf Silage. Hält die Verdauungsstörung langfristig an, wird die Silage abgesetzt und wieder Heu gefüttert. Kann der Senior gar kein Heu mehr kauen, kommen Heucobs als Alternative in Frage. Dabei handelt es sich um komprimiertes Heu in Pellettform.

Kleine Dickmacher

Bei Zahnproblemen und Abmagerung sollten spezielle Schmankerl mit auf den Speiseplan. Zum Beispiel Mash, das es bereits als fertige Mischung zu kaufen gibt: Einfach warmes Wasser unterrühren und 30 Minuten quellen lassen. Die meisten Ponys lieben Mash und dürfen ruhig zwei bis drei Zusatzportionen pro Woche bekommen. Das ist gehaltvoll und wirkt sich positiv auf die Darmtätigkeit aus, was wiederum Koliken vorbeugt.

Auch Rübenschnitzel sind zahnfreundlich und bringen ein paar Kalorien. Einfach zwei bis drei Hände Trockenmasse großzügig mit Wasser aufgießen und mindestens acht Stunden quellen lassen, dann erst verfüttern. Vorher auf keinen Fall, denn unzureichend eingeweichte Rübenschnitzel verursachen Schlundverstopfungen und tödliche Koliken. Länger als 20 Stunden dürfen Rübenschnitzel allerdings auch nicht quellen, denn dann beginnen sie zu gären. Eine Portion Rübenschnitzel täglich beugt altersbedingter Abmagerung vor.

Mais hat einen ähnlichen Effekt. Er wird in Körner- oder in Flockenform verfüttert und sollte maximal ein Viertel der täglichen Futterration ausmachen. Doch nicht alle Ponys vertragen die in Mais enthaltenen Eiweiße. Beobachtet man angelaufene Beine, ist der Mais sofort abzusetzen. Ansonsten ist Mais ein guter Energie-Lieferant.

Pflanzliche Öle bringen ebenfalls zusätzliche Kalorien in den Trog. Ein Schuss Lein- oder Sonnenblumenöl pro Mahlzeit macht außerdem ein schönes Fell. Auch Bananen, Rote Beete, Möhren und Äpfel sind gesund. Allerdings sollte man maximal eine Banane täglich verfüttern und auch bei den Äpfeln nicht übertreiben, sonst drohen Verdauungs- und Stoffwechselstörungen.

Weidegang tut Ponysenioren gut. Wenn dabei die Sonne noch aufs Fell scheint – umso besser.

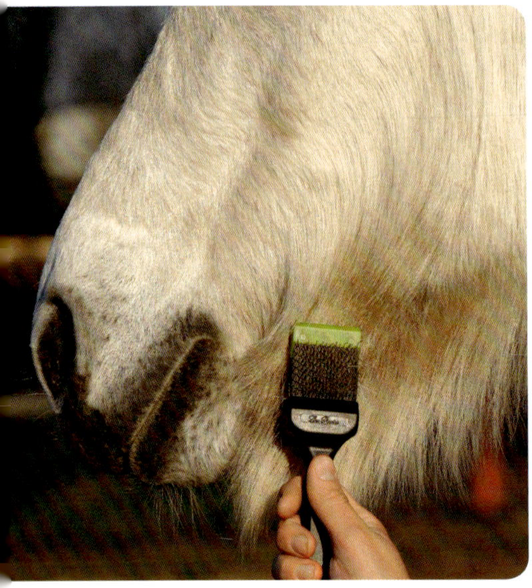

Senioren-Pflege

Wohin bloß mit dem ganzen Fell? Das fragen sich viele Besitzer betagter Ponys, die von Jahr zu Jahr mehr Pelz entwickeln. Während das Haar nur so sprießt, lässt das Hufwachstum nach. Das erfordert eine Umstellung des gewohnten Pflegeplans. Auch Themen wie Decken und Schermaschinen gewinnen an Aktualität. Denn irgendwie muss man die Tücken der Natur ja austricksen. Doch auch dabei gibt es einiges zu beachten.

Haarfülle

Es ist völlig normal, wenn alte Ponys immer längeres Fell bekommen und der Fellwechsel zunehmend schleppend verläuft. Manchmal sind während des Sommers noch immer Reste des üppigen Winterpelzes zu sehen. Doch da manchmal auch eine krankhafte Veränderung der Hirnanhangsdrüse dahinter steckt, sollte der Tierarzt sicherheitshalber eine Blutprobe entnehmen. Sind bestimmte Werte erhöht, könnte das für das Equine Cushing Syndrom sprechen, eine typische Alterserkrankung, die sich mit einem speziellen Test erkennen und medikamentös behandeln lässt. Ein geschicktes Fellmanagement ist jetzt aber auf jeden Fall angesagt.

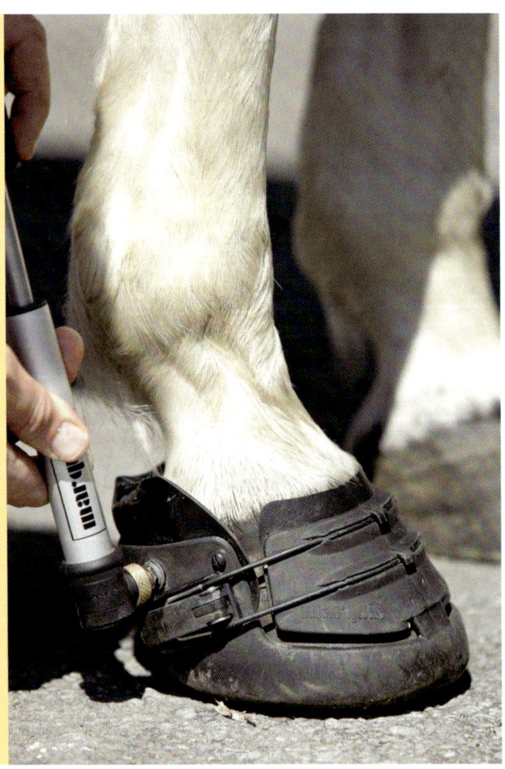

Ein Hufschuh hilft, den langsamer wachsenden Huf des Ponys beim Ausritt zu schützen.

Brauchen Senioren eine Decke?

Während des Winters bleibt der Pelz dran. Das ist klar, schließlich umhüllt er den Körper mit kuscheliger Wärme, wenn es draußen ungemütlich kalt ist. Solange es trocken ist, reicht das auch aus. Nur bei lang anhaltender nasser Kälte oder Dauerregen ist ein Wärme-Coaching angesagt. Wenn das Pony trotz dieser Witterung lieber im Freien steht, sollte es eine Regendecke tragen. Denn eine Dauer-Durchnässung kühlt den Körper aus und kann zu Erkältungen führen.

Gefahr droht auch bei verschwitztem Fell. Steht das Pony nach einem rasanteren Ausritt mit nasser Brust und feuchten Flanken im Wind, setzt das dem Immunsystem zu. Erkältungserreger haben dann leichtes Spiel. Besser ist es, den Senior gar nicht nass zu reiten oder so lange Schritt zu gehen, bis das Fell trocken ist. Zur Not muss man für zwei Stunden eine Abschwitzdecke auflegen.

Eine Decke darf bei einem robust gehaltenen Pony jedoch keine Dauerlösung sein. Sie stört die Thermoregulation, die natürliche Anpassung an Außentemperaturen. Thermodecken sind besonders kritisch zu sehen.

Scheren

Scheren ist auch eine Möglichkeit, üppigem Haarwuchs zu begegnen. Allerdings sollte die Schermaschine nur nach guter Überlegung eingesetzt werden, zum Beispiel im Sommer, wenn das Pony mit einem viel zu dicken Fell unter der Hitze leidet. Dann schert man die Brust, den Halsbereich und beidseitig einen Streifen an der unteren Seite des Bauches ab, damit es keinen Hitzestau gibt.

Der richtige Zeitpunkt zum Scheren liegt keinesfalls zu früh im Jahr. Solange kalte Nächte drohen, sollte das Fell unbedingt dran bleiben. Zu spät im Sommer darf man aber auch nicht scheren, denn dann wächst das Fell vielleicht bis zum Herbst nur unzureichend nach. Im Winter ist Scheren besonders kritisch zu sehen, wenn das Pony im Offenstall lebt. Neigt es beim Reiten stark zum Schwitzen, helfen „Rallye-Streifen" an den Seiten.

Bürsten

Der tägliche Pflegeaufwand für das Fell erhöht sich bei alten Ponys erheblich, einige Bürsten taugen jetzt gar nichts mehr. Hierzu gehören Nadelstriegel und Wurzelkardätsche: Ihre Borsten sind zu kurz, um im dicken Fell wirklich etwas zu bewirken. Der runde Gummistriegel hilft zwar noch immer, groben Schmutz zu lösen, aber danach muss eine relativ feste Bürste mit langen Borsten ran. Alternativ eignen sich übrigens auch Hundebürsten, allerdings ausschließlich die hochwertigen Modelle mit abgerundeten Metallspitzen. Andere reizen die Haut.

Während des Fellwechsels, der beim alten Pony bisweilen recht spektakulär verläuft, leistet auch das klassische Islandpferde-Modell, ein mit Holzgriff versehener, starrer Metall-Kamm, gute Dienste. Wichtig: Lassen Sie sich bloß keine Trimmmesser empfehlen.

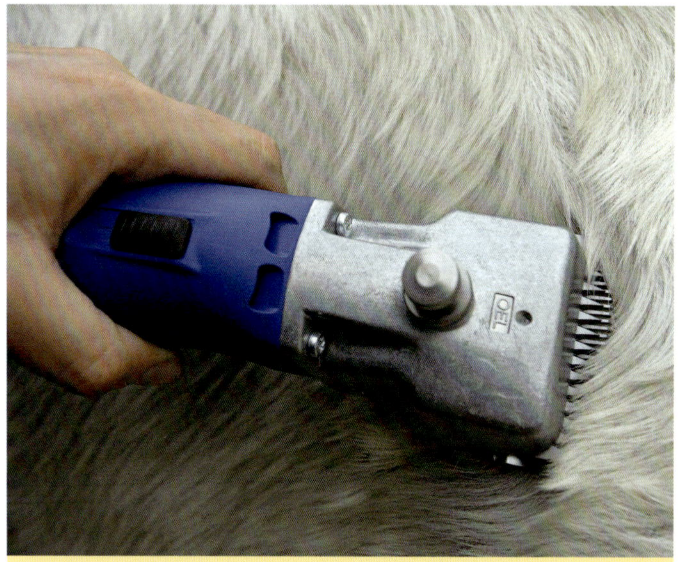

Schwitzt das Pony im Sommer unter seinem dichten Fell, muss die Schermaschine ran.

Die kommen zwar auch aus dem Hundebereich und sind immer öfter im Reitsporthandel zu finden, sie schädigen aber das Haar. Nicht zuletzt sollte das Equipment auch dem Pfleger zusagen, zum Beispiel bequem in der Hand liegen und leicht zu reinigen sein.

Hufpflege

Das Fell ist nicht das einzige, was sich im Alter verändert. Auch die Hufe sehen anders aus als früher. Das liegt an ihrem verminderten Wachstum, das durch einen verlangsamten Stoffwechsel bedingt ist.
Das Pony bewegt sich altersbedingt auch anders als früher, was zu einer veränderten Abnutzung der Hufe führt. Viele alte Ponys heben zum Beispiel ihre Hinterhufe beim Laufen nicht mehr so hoch an wie in frühen Jahren. Dadurch schleift sich vermehrt die vordere Kante des Hufes ab.

Der Hufschmied sollte nun alle sechs Wochen nach den Hufen sehen, sie raspeln und schneiden. Ihm fallen Veränderungen sofort auf und manchmal kann er auch auf sie reagieren. Wobei es eher unsinnig ist, ein altes Pony nun erstmals zu beschlagen, um einer unregelmäßigen Abnutzung vorzubeugen. Vielleicht helfen aber Hufschuhe oder die stellenweise Verstärkung des Hufhorns, dem Prozess entgegenzuwirken. Regelmäßige Kontrollen sind auf jeden Fall sinnvoll.

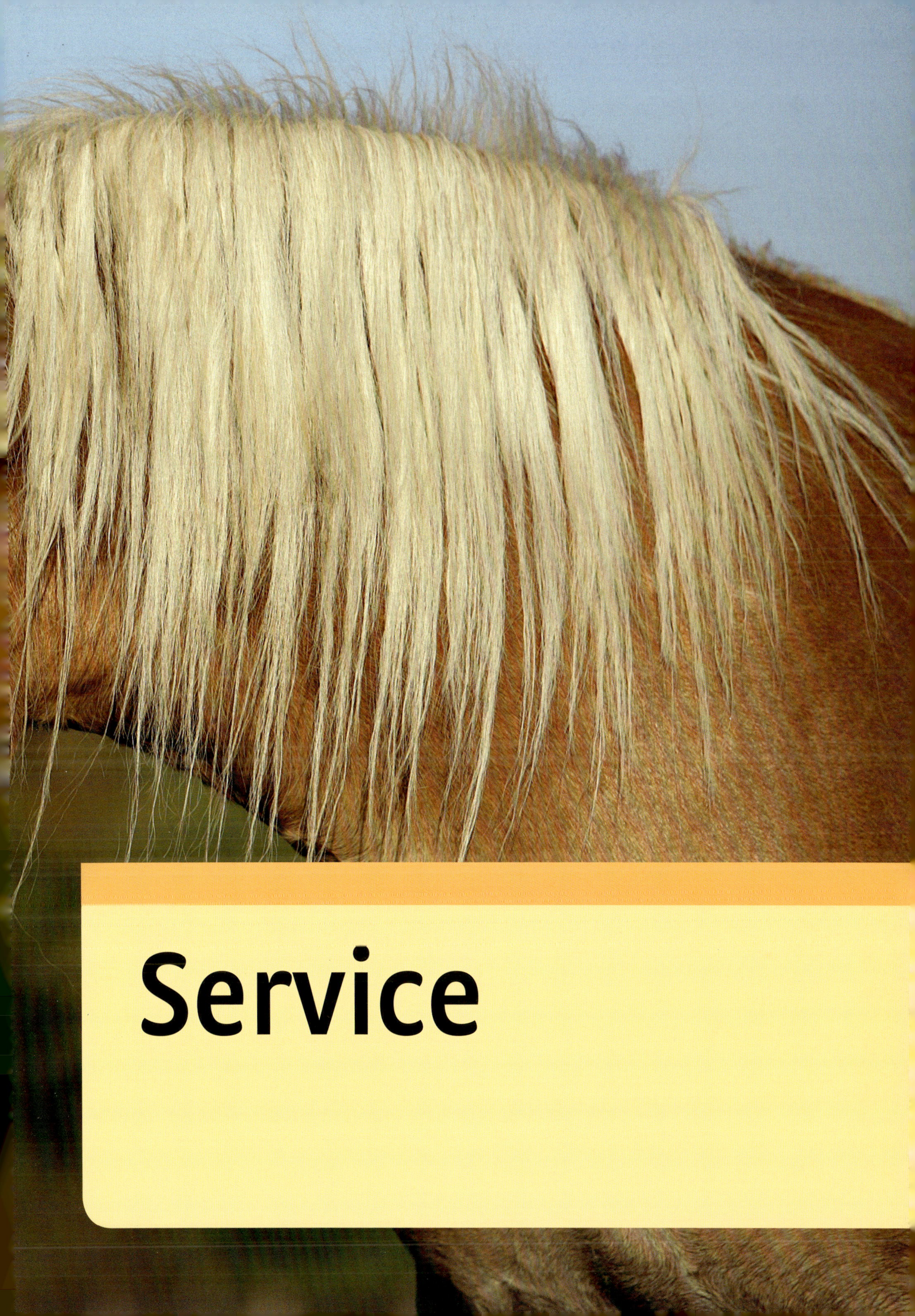

Service

Wichtige Adressen

Schweizerischer Verband für Ponys und Kleinpferde (SVPK)
www.svpk.ch

Österreichischer Zuchtverband für Ponys, Kleinpferde und Spezialrassen (ÖZP)
www.pony.at

Camargue-Pferd
Association des Eleveurs de Chevaux de Race Camargue
www.aecrc.com

Verein der Freunde und Züchter des Camargue-Pferdes in Deutschland e. V.
www.vfzcd.de

Connemara Pony
Connemara Pony Breeders' Society
www.cpbs.ie

Connemara Pony Interessengemeinschaft e. V.
www.connemara-pony-ig.de

Dartmoor Pony
Dartmoor Pony Society (DPS)
www.dartmoorponysociety.com

IG Dartmoor
www.dartmoor-pony.de

Dülmener Wildpferd
Interessengemeinschaft des Dülmener Wildpferdes Deutschland
www.ig-duelmener.de

Haflinger
Haflinger Pferdezuchtverband Tirol
www.haflinger-tirol.com

Interessengemeinschaft Edelbluthaflinger e. V.
www.interessengemeinschaft-edelbluthaflinger.de

Highland Pony
The Highland Pony Society
www.highlandponysociety.com

IG Highlandpony
www.highlandponies.de

Islandpferd
Islandpferde-Reiter und Züchterverband (IPZV)
www.ipzv.de

Islandpferdevereinigung Schweiz (IPV CH)
www.ipvch.ch

Österreichischer Islandpferde Verband (OEIV)
www.oeiv-islandpferde.at

Lewitzer
Pferdezuchtverband Mecklenburg-Vorpommern
www.pferdezuchtverband-mv.de

Miniature Horse
American Miniature Horse Association (AMHA)
www.amha.org

Miniature Horse Club Europe
www.mhceurope.com

New Forest Pony
IG New Forest Pony Deutschland
www.newforestpony-ig.de

Norwegisches Fjordpferd
Interessengemeinschaft Fjordpferd (IGF) e. V.
www.igfjordpferd.de

Pinto
Deutscher Pinto Zuchtverband
www.dpzv.de

Pinto Zuchtverein Schweiz
www.pinto-pzvs.ch

ARGE Pintofreunde
www.pintofreunde.at

Shetland Pony
The Shetland Pony Stud-Book Society
www.shetlandponystudbooksociety.co.uk

Tinker Pony
Irish Cob Society
www.irishcobsociety.com

Welsh Pony
Welsh Pony and Cob Society Germany e. V.
www.welsh-pony-society.de

Zum Weiterlesen

Adalsteinsson, Reynir/Hampel, Gabriele: **Reynirs Islandpferdeschule**; Das Basisbuch, KOSMOS 2006
Dieses Buch zeigt, wie man Islandpferde noch feiner und pferdeschonender reiten kann.

Behling, Silke: **Wie erziehe ich mein Pferd**; Richtiger Umgang mit Pferden, KOSMOS 2007
Dieser Ratgeber zeigt einfach und übersichtlich den richtigen Umgang mit dem Pferd, der für die Harmonie zwischen Mensch und Tier wahre Wunder wirkt!

Binder, Sybille L.: **Was denkt mein Pferd?**; Pferdeverhalten auf einen Blick, KOSMOS 2006
Pferde senden viele Körpersignale aus, und wer sie richtig deutet, ist auf dem besten Weg zu einer verständnisvollen Partnerschaft! Zahlreiche Bilder helfen, typisches Pferdeverhalten zu verstehen.

Ellinger, Sabine: **Die Pony-Akademie**; Von der Grundausbildung bis zur Hohen Schule, KOSMOS 2008
Ponys sind zwar klein und niedlich, wollen und sollen jedoch genauso beschäftigt und ausgebildet werden wie „die Großen". Von der Grunderziehung bis zur Ausbildung an der Longe und Doppellonge, der Arbeit an der Hand, Dressurlektionen und zirzensischen Übungen sowie das Fahren am Sulky – hier ist für jedes Pony was dabei.

Frevert, Sylvia: **Einspännig fahren**; Freude am Fahren mit dem Pferd, KOSMOS 2008
Das Fahrbuch für den Freizeitfahrer. Was man bedenken muss, und welche Voraussetzungen für einen soliden Einstieg geschaffen werden sollten, beantwortet Sylvia Frevert in diesem Buch.

Holm, Juliane: **Islandpferdereiten**; Harmonie in Tölt und Pass, KOSMOS 2009
Islandpferde begeistern mit Tölt und Pass. Juliane Holms Reitlehre zeigt, wie man taktklar, harmonisch und im Gleichgewicht töltet.

Metz, Gabriele: **Alles über Pferderassen**; Herkunft, Aussehen, Fähigkeiten, KOSMOS 2007
Traumpferd gesucht? Dieses Buch nimmt sie mit auf eine Reise durch die faszinierende Welt der Pferde. Ein Rassenführer, der einfach anders ist.

Metz, Gabriele: **Pferde A–Z**; KOSMOS 2009
Um die Fachbegriffe aus der Pferdesprache verstehen und benutzen zu können, ist manchmal ein gutes Nachschlagewerk gefragt. Dieses Buch erklärt über 500 Stichworte von A bis Z.

Metz, Gabriele: **So pflege ich mein Pferd**; Die besten Tipps für Fell, Mähne, Styling, KOSMOS 2008
Wohlfühlpflege stärkt das Selbstvertrauen des Pferdes und sorgt für eine harmonische Beziehung zwischen Pferd und Reiter. Dieses Buch zeigt Schritt für Schritt, worauf es beim täglichen Putzen, aber auch beim Styling für Shows und Turniere ankommt.

Register

Impressum

Bildnachweis:

173 Fotos wurden von Gabriele Metz, www.gabriele-metz.de, für dieses Buch aufgenommen.
Weitere Fotos von Horst Streitferdt/Kosmos (2, S. 58, 59), Sabine Stuewer (1, S. 38 o.) und Vivien Venzke/Kosmos (8, S. 24 o., 34 u., 52 o., 52 u., 53, 110/111, 118 o., 119 o.).

Impressum

Umschlaggestaltung von eStudio Calamar unter Verwendung eines Fotos von Sabine Stuewer, www.stuewer-tierfoto.de (Umschlagvorderseite, das Foto zeigt einen Islandpferdehengst) und eines Fotos von Gabriele Metz/Mülheim (Umschlagrückseite).

Mit 184 Farbfotos

Unser gesamtes lieferbares Programm und viele weitere Informationen zu unseren Büchern, Spielen, Experimentierkästen, DVD, Autoren und Aktivitäten finden Sie unter **www.kosmos.de**

Gedruckt auf chlorfrei gebleichtem Papier

ISBN 978-3-440-11562-6
Redaktion: Birgit Bohnet
Produktion: Claudia Kupferer
Printed in Germany / Imprimé en Allemagne

KOSMOS.

Mehr wissen. Besser reiten.

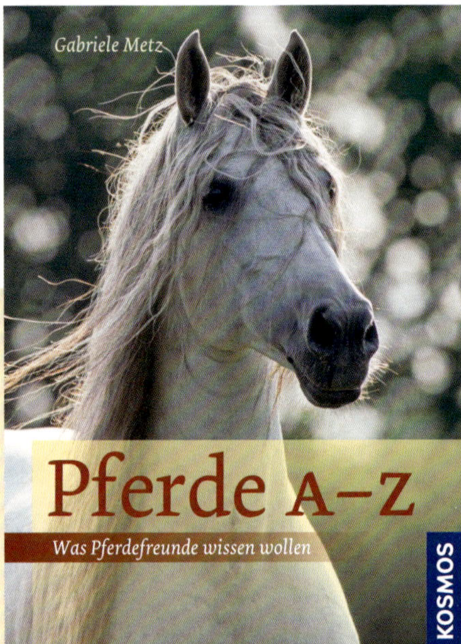

Gabriele Metz | **Pferde A – Z**
192 S., 212 Abb., €/D 19,95
ISBN 978-3-440-11515-2

Wissen, schmökern, mitreden

Das unentbehrliche Lexikon für Pferdefreunde! Einsteiger finden hier alles, was sie brauchen, um sich in die Welt der Pferde einzufinden. Aber auch erfahrene Pferdefreunde bekommen durch gezieltes Nachschlagen anschaulich erklärte Informationen. Mit über 500 alphabetisch geordneten Stichwörtern aus den Bereichen Körperbau, Rassen, Gestüte, Haltung und vielen weiteren Themengebieten.

Sabine Ellinger | **Die Pony-Akademie**
176 S., 191 Abb., €/D 22,90
ISBN 978-3-440-11292-2

Vielseitiges Training

Wie man sein Pony vom Boden aus abwechslungsreich trainiert, dabei viel Spaß hat und es sogar bis zur Hohen Schule fördern kann, zeigt die Dressurausbilderin Sabine Ellinger am Beispiel ihres bekannten Tigerscheck-Ponys Lancelot. Von der Grunderziehung bis zur Ausbildung an der Longe und Doppellonge, der Arbeit an der Hand sowie das Fahren am Sulky –hier wird kein Thema ausgelassen.

Preisänderung vorbehalten

www.kosmos.de/pferde